PS高手炼成记

Photoshop CC 2017 从入门到精通

◎ 顾领中 编著

人民邮电出版社

北 京

图书在版编目（CIP）数据

PS高手炼成记：Photoshop CC 2017从入门到精通 /
顾领中 编著. -- 北京：人民邮电出版社，2017.6（2021.6重印）
ISBN 978-7-115-45430-0

Ⅰ．①P… Ⅱ．①顾… Ⅲ．①图象处理软件 Ⅳ.
①TP391.413

中国版本图书馆CIP数据核字(2017)第071610号

内 容 提 要

本书是一本综合实战型的 Photoshop 教程，除了有理论知识、工具、抠图、合成、调色、图层样式、通道蒙版、滤镜等技法原理的讲解之外，还有各个设计领域实战案例的讲解。如果你准备往 UI 行业发展，那么本书的 icon 设计案例一定适合你；如果你想从事电商设计，那么本书的修图技巧不可多得；如果你想往网页设计方向发展，那么本书可以带你探索网页设计的秘密⋯⋯

本书适合广大 Photoshop 初学者，以及有志于从事 UI 设计、平面设计、电商设计、网页设计、影楼设计、影视制作、摄影后期等工作的人员使用，也可作为中、高等院校相关专业的以及培训机构的教材。

◆ 编　著　顾领中
　责任编辑　刘　博
　责任印制　杨林杰

◆ 人民邮电出版社出版发行　　北京市丰台区成寿寺路 11 号
　邮编　100164　电子邮件　315@ptpress.com.cn
　网址　http://www.ptpress.com.cn
　北京捷迅佳彩印刷有限公司印刷

◆ 开本：787×1092　1/16
　印张：15　　　　　　　　　　2017 年 6 月第 1 版
　字数：399 千字　　　　　　　2021 年 6 月北京第 8 次印刷

定价：79.80 元（附光盘）

读者服务热线：(010)81055256　印装质量热线：(010)81055316
反盗版热线：(010)81055315
广告经营许可证：京东市监广登字 20170147 号

前言
PREFACE

我一直在想出这本书的意义何在？这本书跟市面上大部分相关教材有哪些不一样的地方？读者怎样才能系统高效地学会Photoshop？

目前市面上很多Photoshop教材只讲操作步骤，忽略原理的讲解，在解决实际工作问题的时候无从下手！很多读者甚至会很茫然，甚至放弃学习。

大家要知道Photoshop的学习其实很简单！无非就是"通道与蒙版""调色""图层样式""抠图"这几大块核心的知识体系，再配合一些"基础工具""小技巧""滤镜"。这本书要做的就是把每一个知识模块联系起来，这样我们才能做到"万变不离其宗"。

另外，读者还可以关注我们的微信公众号"C课堂"，我们为学习Photoshop的读者提供了很多高效的学习方式，也给大家准备了以下福利。

（1）免费答疑；

（2）就业指导与推荐；

（3）海量素材下载（2000+PS笔刷、3000+动作预设、12000+渐变预设、90+LUT色调预设、100000+高清图片、20000+字体等共计500G容量的素材库）；

（4）创意设计公开课。

读者更有机会获得"C课堂"送出的纪念品。

本书结构

本书将会和大家分享Photoshop CC 2017里面最新的技术以及Photoshop学习的核心知识体系。全书共分为8章内容。

第1章 理论基础，讲解了Photoshop的界面、颜色模式、图片格式、行业应用、光的三原色、图层与合成等知识，切记万丈高楼平地起。

第2章 玩转工具，主要讲解了选择工具组、修饰工具组、造型工具组、视图工具组以及最新的3D打印、UI设计等功能。

第3章 抠图，针对不同类型的对象，介绍了6种抠图方法：钢笔工具、快速选择工具、色彩范围、Alpha通道、混合颜色带、滤色。

第4章 通道蒙版，详细介绍了Photoshop核心的知识结构——通道与蒙版。通道的分类为颜色通道、专色通道、Alpha通道；蒙版的分类为图层蒙版、矢量蒙版、剪贴蒙版、快速蒙版。

第5章 调色，讲解了一系列调色命令，包括曲线、色阶、色相/饱和度、通道混合器、可选颜色、色彩平衡、应用图像、黑白、渐变映射、HDR、颜色查找、照片滤镜等。

第6章 小技能，详细讲解了动作与批处理、时间轴、智能对象、图像大小、参考线、阵列复制、盖印可见图层、路径、PDF演示文档、Photomerge合并、羽化等。

第7章 图层样式，我们一般把图层分成4块：常规混合、高级混合、混合颜色带、样式。常规混合部分会重点讲：滤色、正片叠底、柔光、颜色；样式部分会重点讲：投影、内阴影、外发光、内发光以及预设的使用等。

第8章 滤镜特效，包括多种其乐无穷的兴趣点，例如，液化、消失点、置换、模糊、锐化、插件等。

本书特点

• 不管技术学得如何好，最终都是为了创作一幅优秀的作品，如果没有很好的审美观，做出来的东西往往缺少"点睛"的地方。这本书无论是案例的展现，还是教材本身的设计都尽可能地展现美。

• 本书内容丰富，条理结构清晰，技术参考性强，讲解由浅入深、循序渐进，涉及行业面广，细节知识点介绍清晰。随书附带的DVD包含大量的练习素材和预设文件，光盘中还免费赠送给大家一套"C课堂"线下班级的Illustrator视频教程，希望大家找工作的时候多一门实用技能。另外，如需配合视频学习本书，请到网易云课堂（study.163.com）搜索"PS高手炼成记"。

• 本书是由网易云课堂、摄图网、腾讯课堂等众多学习平台联合推荐的Photoshop教材，希望能帮助读者由入门到精通！

尽管已经反复斟酌，但书中难免有不妥之处，恳请广大读者批评指正。读者还可以访问作者创办的网站cgclass.cn或搜索微信公众号"C课堂"，与作者进行交流。

顾领中

2017年2月于常州

目 录
CONTENTS

第 3 章　抠图如此轻松

第7章　图层样式

第8章　其乐无穷的滤镜

Photoshop CC 2017

本章我们要了解Photoshop CC 2017的基本功能与
新增功能，设计的理论知识，例如，什么是矢量图
和位图，什么是图层，什么是光的三原色，以及
Photoshop CC 2017行业应用。

▶ 学习重点：
　　1.神奇的Photoshop
　　2.工作区简介
　　3.设计理论知识
　　4.行业应用
　　5.图层与合成
　　6.光的三原色

1.1　神奇的 Photoshop

1.1.1　基本功能介绍

Adobe Photoshop，简称"PS"，是由 Adobe Systems 开发和发行的图像处理软件。

Photoshop 主要处理由像素构成的数字图像，使用其众多的修饰与绘图工具，可以有效地进行图片编辑工作。PS 有很多功能，在图像、图形、文字、视频、出版等方面都有涉及。

2003 年，Adobe Photoshop 8 被更名为 Adobe Photoshop CS。2013 年 7 月，Adobe 公司推出了新版本的 Photoshop CC。自此，Adobe CS 系列被新的 CC 系列取代。

图 1-1　Photoshop CC2017 启动界面

截至 2016 年 11 月，Adobe Photoshop CC 2017 是市场最新版本，如图 1-1 所示。

1.1.2　新增功能

● 自定义工具栏

在 Adobe Photoshop CC 2017 这个版本中，Photoshop 添加了更加个性化的自定义工具栏功能，具体的方法是点击 ▦ 按钮，如图 1-2 所示，然后就会出现自定义工具栏的设置窗口，如图 1-3 所示。

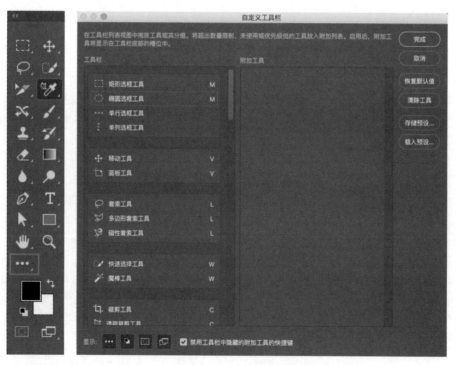

图 1-2　编辑工具栏　　　　　　　　　图 1-3　自定义工具栏窗口

● 强大的库面板

在打开一个文档时（见图 1-4），如果其中包含可自动添加到库的资源，Photoshop 会提示创建新库。有四种类型的资源可自动从文档添加到库：

1. 字符样式

2. 颜色

3. 图层样式

4. 智能对象

如图 1-5 所示，可以通过 3 种方式创建库的内容，创建之后，就可以在 Adobe 所有软件的 Creative Cloud Libraries 库面板同步文件，这样就大大节省了复制粘贴或置入的时间。

图 1-4　Photoshop 打开时的库面板

图 1-5　库面板工作原理

● iOS 上也能出色的工作

随着 iPhone、iPad 的普及，越来越多的人希望把一部分基础的工作放在移动端完成，那么可以利用下方的几个 App 去完成。如果想实时观看到不同设备上的显示效果，可以直接用 Adobe Preview CC 去完成全部工作。Adobe Preview CC 启动界面如图 1-6 所示。

利用 Adobe Capture CC 创建一个自定义笔刷、配色方案、形状、绘制草图，如图 1-7 所示，其启动界面如图 1-8 所示。Adobe Capture CC 可以在你的 iPhone、iPad、Android 设备上同步到 Creative Cloud Libraries，如图 1-9 所示。然后可以在 Photoshop CC 继续完成你的艺术大作。

图 1-6　Adobe Preview CC 启动界面

图 1-7　Adobe Capture CC 采集配色与笔刷

图 1-8　Adobe Capture CC 启动界面　　　　　图 1-9　多端同步显示效果

　　利用 Adobe Comp CC 可以自由地创建排版设计作品，可以利用手势完成图片以及段落文字的添加。利用手指"一撇一捺"绘制即可插入图片，利用手指先绘制矩形框，然后在里面绘制横线，即可添加段落文字，如图 1-10 所示。利用 Adobe Comp CC 制作可以在 Photoshop 里继续编辑，如图 1-11 所示。

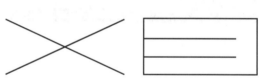

（a）Adobe Comp CC 启动界面　　　　（b）插入图片的手势　　　（c）插入段落文字

图 1-10

图 1-11　利用 Adobe Comp CC 制作可以在 Photoshop 里继续编辑

● 内容识别

　　利用内容识别功能可以快速将图 1-12 变成图 1-13 的效果，看起来是不是完全没有违和感？那这是怎么做到的呢？首先利用套索工具将蝴蝶的外形选择出来，如图 1-14 所示，选区创建的时候一定要沿着需要处理的对象的外轮廓。然后执行"编辑 > 填充 > 内容识别"，即可处理掉多余部分的图像信息，多重复几次即可完全去除，如图 1-15 所示。

图 1-12　原始图片

图 1-13　处理后效果

图 1-14　选区沿着对象外轮廓

图 1-15　内容识别选项

● 选择并遮住调整边缘

　　Photoshop CC 2017 对于旧版本的调整边缘进行了优化，这样即使遇到图 1-16 这么复杂的文件也可以轻松应对。先用快速选择工具创建选区，如图 1-17 所示；然后选择属性栏中的"选择并遮住"，参数建议参考图 1-18 进行设置。

图 1-16　大象原图

图 1-17　大象抠像

● 操控变形

　　使用过平面和3D设计软件的朋友都知道，在 3D 软件中可以建模，这样的 3D 模型可以进行任意动作变形。而在平面软件中，图像只是一个面片，如果将其进行变形，就会出现缺损、断裂的问题。

　　Photoshop CC 2017 的操控变形功能就解决了这个问题，用鼠标移动关节点，图像也随之进行变形。在图 1-19 中，我们将长颈鹿单独选取出来，然后执行"编辑 > 操控变形"，就可以对图像"打点"，这些点相当于图片的骨骼，你可以固定一部分点，然后拖动你想要变化的点的区域，效果如图 1-20 所示。

　　这个功能非常强大，虽然达不到天衣无缝的程度，但我们可以在改变之后对细节进行传统手段的修复，提高了工作效率。

修饰边缘的笔刷

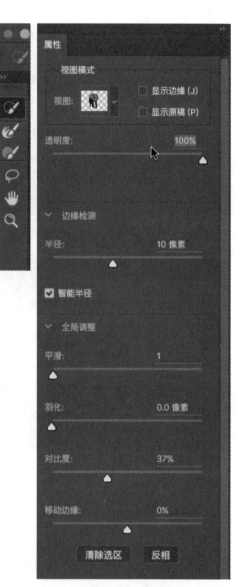

图 1-18　参数建议

图 1-19　操控变形的网格点

图 1-20　前后对比图

1.2　工作区简介

Photoshop CC 2017 界面

　　Adobe Photoshop CC 2017 一共由 5 个部分组成——菜单栏、工具栏、属性栏、浮动面板、工作窗口，如图 1-21 所示。这 5 个部分就像一个团队一样，相互配合以便完成一个作品。

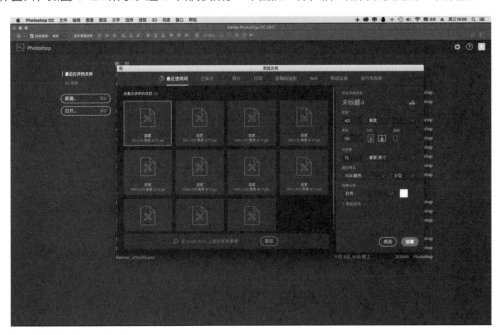

图 1-21　Photoshop CC 2017 界面

● 工作窗口

　　用户可以根据自己的喜好设置适合自己风格的界面风格，Mac 系统如图 1-22 所示，利用 Windows 系统执行"编辑 > 首选项 > 界面"进行设置。

图 1-22　Mac 系统风格修改

● 菜单栏

　　用于执行图像的存储，色彩的调整，选区的选择，特效制作，窗口的显示比例，以及浮动窗口的显示或者关闭，帮助等操作。菜单栏界面如图 1-23 所示。

图 1-23　菜单栏

● 工具栏

可以对图像进行移动，创建选区，测量，修饰，绘制，控制视窗等操作，具体功能如图 1-24 所示。

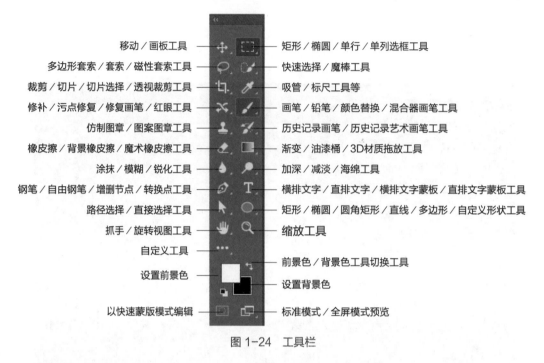

移动／画板工具 —— 矩形／椭圆／单行／单列选框工具
多边形套索／套索／磁性套索工具 —— 快速选择／魔棒工具
裁剪／切片／切片选择／透视裁剪工具 —— 吸管／标尺工具等
修补／污点修复／修复画笔／红眼工具 —— 画笔／铅笔／颜色替换／混合器画笔工具
仿制图章／图案图章工具 —— 历史记录画笔／历史记录艺术画笔工具
橡皮擦／背景橡皮擦／魔术橡皮擦工具 —— 渐变／油漆桶／3D材质拖放工具
涂抹／模糊／锐化工具 —— 加深／减淡／海绵工具
钢笔／自由钢笔／增删节点／转换点工具 —— 横排文字／直排文字／横排文字蒙板／直排文字蒙板工具
路径选择／直接选择工具 —— 矩形／椭圆／圆角矩形／直线／多边形／自定义形状工具
抓手／旋转视图工具 —— 缩放工具
自定义工具
设置前景色 —— 前景色／背景色工具切换工具
—— 设置背景色
以快速蒙版模式编辑 —— 标准模式／全屏模式预览

图 1-24　工具栏

● 属性栏

用户可以根据需要去设置工具栏里各种工具的属性。如图 1-25 所示，使工具在使用中变得更加灵活，有利于提高工作效率。属性栏中的内容在选择不同的工具或进行不同的操作时会发生变化。

图 1-25　属性栏

● 浮动面板

配合工具栏以及工作窗口一起使用，工具栏就像画笔，而浮动面板就像颜料一样，如图 1-26 所示，最终的成品会在工作窗口呈现。

图 1-26　浮动面板

1.3　设计理论知识

● 位图

　　位图，又称像素图或栅格图，是使用像素阵列来表示的图像，放大比例后，会明显出现马塞克，如图 1-27 所示。每个像素的颜色信息由 RGB 组合或者灰度值表示，根据颜色信息所需的数据位分为 1、4、8、16、24 及 32 位等，位数越高颜色越丰富，相应的数据量越大。其中使用 1 位表示一个像素颜色的位图因为一个数据位只能表示两种颜色，所以又称为二值位图。通常使用 24 位 RGB 组合数据位表示的的位图称为真彩色位图。

　　那么真彩色到底有多少种颜色呢？计算机是采用的二进位制编码来表示数据，因此就得到了最终的结果是 224 种颜色，约等于 1677 万色。普通的家用显示器一般都能显示 1677 万种颜色。

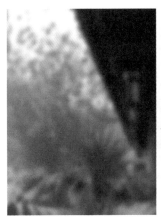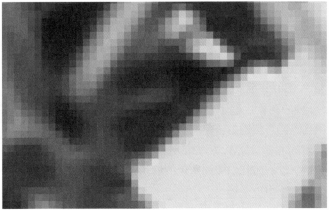

图 1-27　图片放大后的像素点

● 矢量图

　　可以说矢量图最明显的特点就是无论将图像放大多少倍都不会出现马赛克的现象，不会因为显示比例的改变而改变图像的品质。矢量图主要应用于 UI 设计、VI 设计、插画设计、字体设计、标志设计等。图 1-28 是一副插画设计作品。

　　矢量软件有 CorelDraw、Illustrator、Flash 等。

● 色彩模式

　　RGB 色彩模式被大多数码厂商设定为标准的色彩模式，在我们的生活中不难发现，电脑、相机、平板、智能手表、摄影机的屏幕成像（见图 1-29）都基于此标准。

图 1-28　放大对清晰度没有影响

图 1-29　RGB 模式用于电子屏幕

CMYK 也称作印刷色彩模式，是一种依靠反光的色彩模式，和 RGB 类似，CMY 是 3 种印刷油墨名称的首字母：青色 Cyan、品红色 Magenta、黄色 Yellow。而 K 取的是 black 的最后一个字母，之所以不取首字母，是为了避免与蓝色 (Blue) 混淆。从理论上来说，只需要 CMY 三种油墨就足够了，它们三个加在一起就应该得到黑色，但是由于目前制造工艺还不能造出高纯度的油墨，CMY 相加的结果实际是一种暗红色，所以一般我们印刷黑色的时候直接将 K 的参数设定为 100% 即可。

图 1-30　CMYK 模式用于印刷

印刷的作品跟显示器上差太多？
原因在于 RGB 和 CMYK 常常不能完全实现无缝转化，这两种颜色模型都有自己颜色独特的地方，我们通过图 1-31 所示的模型可以直观地理解这个原因，如果颜色在"相交区域"以外，那么颜色转化的时候就会偏色。

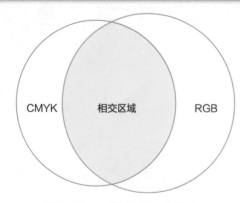

图 1-31　RGB 与 CMYK 模型

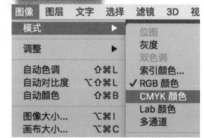

图 1-32　色彩模式转化

Lab 既不依赖光线，也不依赖于颜料，它是 CIE 组织（国际照明委员会）确定的一个理论上包括了人眼可以看见的所有色彩的色彩模式。Lab 模式弥补了 RGB 和 CMYK 两种色彩模式的不足，相比 RGB 和 CMYK 两种色彩模型，Lab 色彩模式模型的色域更为丰富。Lab 颜色模型由三个要素组成，一个要素是亮度 L，另外两个要素是两个颜色通道 a 和 b。a 包括的颜色是从深绿色（低亮度值）到灰色（中亮度值）再到亮粉红色（高亮度值）；b 是从亮蓝色（低亮度值）到灰色（中亮度值）再到黄色（高亮度值），如图 1-33 所示。因此，这种颜色混合后将产生具有明亮效果的色彩。

从图 1-34~ 图 1-36 中不难发现，Lab 颜色模型色域更为宽广。RGB 和 CMYK 两种色彩模型其实都只是 Lab 颜色模型的一部分，在很多时候我们会在编辑图像时直接把图像在 Lab 颜色模型里编辑，最后在以 RGB 的方式在屏幕上呈现或者以 CMYK 模式打印。

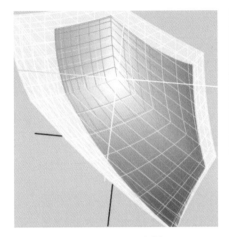

图 1-33　Lab 色域

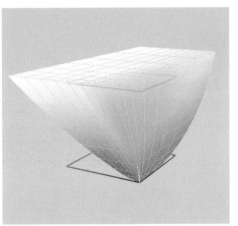

图 1-34　Lab 色域立体模型

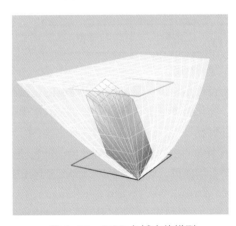

图 1-35　RGB 色域立体模型

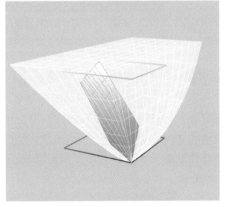

图 1-36　CMYK 色域立体模型

位图模式用两种颜色黑和白来表示图像中的像素，位图模式的图像也叫作黑白图像，因为其深度为 1，也称为一位图像。由于位图模式只用黑白色来表示图像的像素，在将图像转换为位图模式时会丢失大量细节，因此 Photoshop 提供了几种算法来模拟图像中丢失的细节。

灰度模式可以使用多达 256 级灰度来表现图像，使图像的过渡更平滑细腻。灰度图像的每个像素有一个 0（黑色）~255（白色）的亮度值。灰度值也可以用黑色油墨覆盖的百分比来表示，0% 等于白色，100% 等于黑色。使用黑折或灰度扫描仪产生的图像常以灰度显示。

双色调模式采用 2~4 种彩色油墨来创建由双色调 2 种颜色、三色调 3 种颜色和四色调 4 种颜色混合其色阶组成的图像。在将灰度图像转换为双色调模式的过程中，可以对色调进行编辑，产生特殊的效果。而使用双色调模式最主要的用途是使用尽量少的颜色表现尽量多的颜色层次，这对于减少印刷成本是很重要的，因为在印刷时，每增加一种色调都需要很大的成本。

索引颜色模式是网上和动画中常用的图像模式，当彩色图像转换为索引颜色的图像后将包含近 256 种颜色。索引颜色图像包含一个颜色表，如果原图像中颜色不能用 256 色表现，则 Photoshop 会从可使用的颜色中选出最相近的颜色来模拟这些颜色，这样可以减小图像文件的尺寸。颜色表用来存放图像中的颜色并为这些颜色建立颜色索引，其可在转换的过程中定义或在声称索引图像后修改。

多通道模式对有特殊打印要求的图像非常有用。例如，如果图像中只使用了一两种或两三种颜色时，使用多通道模式可以减少印刷成本并保证图像颜色的正确输出。

● 图片格式

很多时候我们选择图片格式进行存储与优化会不知所措，希望选择不但可以保留图像清晰度，同时图片占用的数据又比较小的。图 1-37 所示的部分就是在选择格式存储的时候的一些意见，橙色的部分为 Web 所用格式。

> Web格式优化方案：JPG适用于画质真实的位图，GIF、PNG适用于颜色简单的矢量图像

格式	压缩方案	动画性	透明性
JPG	颜色丰富	不支持	不支持
GIF	颜色单一	支持	支持
PNG	颜色单一	不支持	支持
PSD	不压缩	支持	支持

图 1-37　格式之间的对比

JPG 格式在网络上广泛使用于存储相片。使用有损压缩，质量可以根据压缩的设置而不同。可以明显看到图 1-38 优化前的存储数据是 325K，优化后清晰度几乎没有影响，但是优化后存储数据只有 97K。（一般建议压缩 80% 或 60% 比较适合）

GIF 格式在网络上被广泛使用，但有时也会因为专利权的原因而不能使用该图形格式。GIF 格式支持动画图像，支持 256 色，对真彩图片进行有损压缩，使用多帧可以提高颜色准确度，占用的存储空间极小。

PNG 图像文件存储格式，其设计目的是试图替代 GIF 和 TIFF 文件格式，同时增加一些 GIF 文件格式所不具备的特性。PNG 用来存储灰度图像时，灰度图像的深度可多到 16 位；存储彩色图像时，彩色图像的深度可多到 48 位，并且还可存储多达 16 位的 Alpha 透明通道数据。PNG 一般应用于 JAVA 程序、网页或 S60 程序中，原因是它压缩比高，生成文件体积小。有半透明图像建议使用 PNG-24 存储。（注：简单图形建议用 PNG、GIF 优化，如图 1-39 所示）

PSD 是 Photoshop 的专用格式，可包括层、通道、颜色模式等信息，而且该格式是唯一支持全部色彩模式的图像格式。PSD 可以将编辑过的图像文件中的所有有关图层和通道的信息保存下来，并且保存时无须压缩。因此，该格式往往会占用较多的存储空间，存储速度也相对较慢。

TIF 格式是一种有损压缩格式，包含非压缩方式和 LZW 压缩方式两种，几乎被所有绘画、图像编辑以及页面排版应用程序所支持，大量用于传统图像印刷，在 CMYK、RGB、灰度模式下能

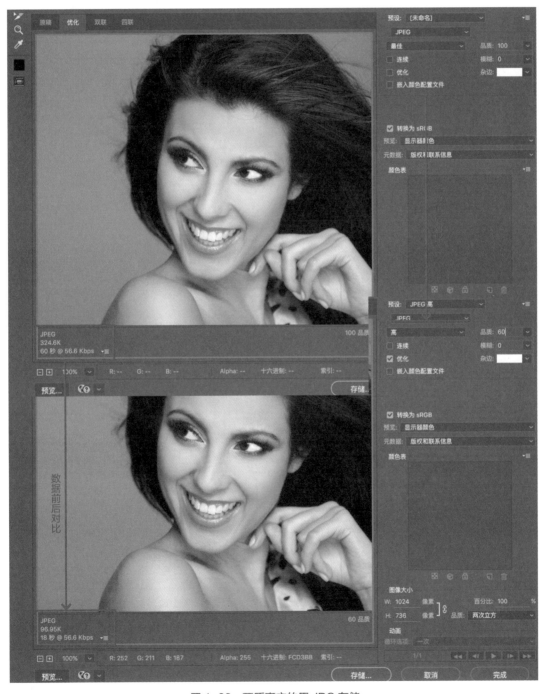

够存储 Alpha 通道信息。

　　BMP 是 Windows 操作系统中"画图"程序的标准文件格式，此格式与大多数 Windows 和 OS/2 平台的应用程序兼容。该图像格式采用的是无损压缩，因此，其优点是图像完全不失真，其缺点是图像文件的尺寸较大。BMP 格式支持 RGB、索引、灰度及位图等颜色模式，但无法支持含 Alpha 通道的图像信息。

图 1-38　画质真实的用 JPG 存储

图 1-39　简单图形建议用 PNG、GIF 优化

　　TGATarga 格式是计算机上应用最广泛的图像格式，在兼顾了 BMP 图像质量的同时又兼顾了 JPEG 的体积优势，并且还有自身的特点：通道效果、方向性。因为兼具体积小和效果清晰的特点，该格式在 CG 领域常作为影视动画的序列输出格式。

● 　像素 / 分辨率

　　初学者经常把"像素""分辨率""尺寸""屏幕分辨率"这几个概念混淆。"屏幕分辨率"是什么呢？其实就是手机、计算机通常所使用的 750×1334、1920×1080。"屏幕分辨率"与"分辨率"完全没有任何关系，"尺寸"这个概念相对较易理解，可以理解为画布的大小，如图 1-40 所示。像素与分辨率又怎么理解呢？

图 1-40　尺寸与屏幕分辨率

　　像素这个词在设计中经常提到，很多人误以为像素是一个有具体长度的方块，其实不然。它其实是一个没有固定大小的"颜色点"，一张图像就是由成千上万的这样的"颜色点"组成，如图 1-41 所示。

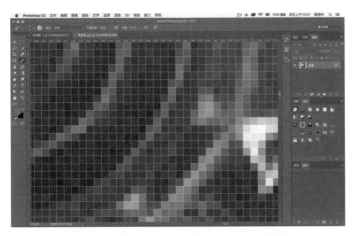

图 1-41　图片中的一个小方格就是一个像素

　　分辨率是指单位长度所含有的像素的多少，这个参数也可以理解为像素密度。通常，这个参数越大，最终的印刷成品的清晰度也越高，但这也不绝对，因为如果前期素材的清晰度不是很高，即使将分辨率改成较大的参数，还是会发现有晶格的现象，此时只能降低印刷品的尺寸，或者替换成品质较高的素材。如图 1-42 所示，同样单位长度的情况下，像素颗粒越大，分辨率就越低，细节越差；像素颗粒越小，分辨率就越高，细节越好。

1英寸＝2.54厘米

图 1-42　分辨率其实就是像素密度

　　合理设置打印分辨率如图 1-43 所示，两个图像的尺寸都是 1px×1px，但是能明显看到印刷出来的尺寸是不一样的，分辨率设定在 72 像素／英寸的情况下可以打印 0.04cm 的尺寸，分辨率在 300 像素／英寸的情况下却只能打印 0.01cm 的尺寸，那么分辨率怎么设置合适呢？

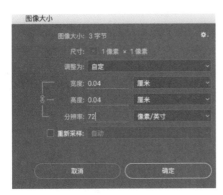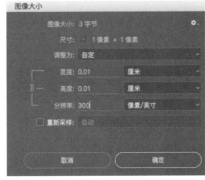

图 1-43　可以根据需要设置分辨率

　　打印的分辨率越高越好这是一种非常错误的理解！分辨率的设置一般取决于印刷的尺寸，尺寸越大，分辨率反而越低，因为对于尺寸越大的印刷品，阅读距离也就越远，对于清晰度要求也就越低。如图 1-44 所示两幅图近距离看的时候明显右侧图像清晰，远距离阅读其实清晰度就差不多了！

图 1-44　近距离小尺寸适合高分辨率，远距离大尺寸适合低分辨率

　　设置分辨率时有以下一些建议，当宽高在某个范围内，可以选择对应范围所属的分辨率，如图 1-45～图 1-48 所示。例如，要制作一个三折页，因为三折页的尺寸很接近 5～40cm，所以分辨率应该设置在 300dpi。当然，分辨率的设置并不是固定值，参数可以根据客户的要求进行适当的改变。

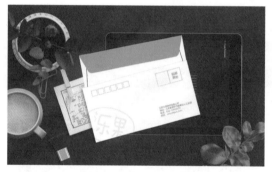

图 1-45　一般手拿着阅读的印刷品分辨率：300dpi

宽：5～40cm

高：5～40cm

图 1-46　公交广告印刷分辨率：72dpi

宽：2～5m

高：2～3m

图 1-47　易拉宝、X 展架分辨率：100dpi

宽：0.5～2m

高：0.5～2m

图 1-48　户外广告印刷分辨率：20dpi

宽：8～15m

高：2～8m

1.4　行业应用

● 广告摄影

　　广告摄影作为一种对视觉要求非常严格的工作，其最终成品往往要经过 Photoshop 的修改才能得到满意的效果，如图 1-49 所示。

图 1-49　处理前后对比效果图

● 网页设计

　　网页设计离不开 Photoshop，Photoshop 内置丰富的工具、样式、调色功能，让设计师不要为软件的选择而烦恼。随着 Photoshop CC 2017 的出现，增加了很多新的针对 HTML5 网站的特色功能，如图 1-50 所示。

图 1-50　HTML5 网站效果

● 栏目包装

　　利用 Photoshop 可以搭建出在电视上看到的广告的平面效果图，也可以在 Photoshop 里给画面调出精美的色调，并且可以制作一些不错的平面特效，如图 1-51 所示。

图 1-51 栏目包装

● 家装设计

做家装设计经常会遇到被客户退稿的情况，这时候就需要一张漂亮的效果图，而一张漂亮的效果图往往需要不断调整整个图片的氛围，这时候 Photoshop 就是调整照片的利器。图 1-52 所示为家装效果图前后的对比效果。

图 1-52 调整前后的对比

● 电商设计

随着电子商务行业的兴起，利用网络开店已经不是什么新鲜事了。顾客在选择商品的时候越来越在意物品的"颜值"，那么利用 Photoshop 可以弥补我们在拍摄上的不足之处，如图 1-53 所示。

图 1-53　电商设计图

● 平面设计

　　平面设计是 Photoshop 应用最为广泛的领域，不管是我们正在阅读的图书，还是大街上看到的招贴海报，这些具有丰富图像的平面印刷品，如图 1-54 所示，基本上都需要使用 Photoshop 软件对图像进行处理。

图 1-54　平面设计

1.5　图层与合成

● 图层的概念

Photoshop 中的"图层"面板列出了图像中的所有图层、图层组和图层效果，可以使用"图层"面板来显示和隐藏图层、创建新图层以及处理图层组，可以在"图层"面板菜单中访问其他命令和选项。执行菜单"窗口＞图层"即可调出图层面板（见图 1-55 ）。

图 1-55　图层面板

图层的面片性：图层可以在不影响整个图像中大部分元素的情况下处理其中一个元素。可以把图层想像成是一张一张叠起来的透明胶片，每张透明胶片上都有不同的画面，如图 1-56 所示，并且在 Photoshop 中图层没有厚度。

图 1-56　图层就像透明的玻璃片

图层的顺序性：上下拖动你想要变化的图层的顺序，接下来会发生什么呢？航天飞船是在画面的外侧飞出地球的，但调整位置之后，航天飞船跑到地球的另一边飞离地球，如图 1-57 所示。

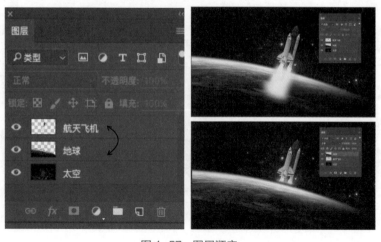

图 1-57　图层顺序

● 合成的概念

　　在学习 PhotoShop 的路上迷茫许久，案例做了很多，可是一旦离开了原来的那个案例，再去做其他的，往往有心无力。因为学习是一个记忆的过程，更多的是一个理解的过程，当明白了这其中的奥妙之后，你会发现一切都是那么的自如。那么，从现在开始我们就要进入合成的世界了，你准备好了吗？

图 1-58　Photoshop 合成的案例

　　合成不是简简单单的拼凑，这样的工作永远不是停留在技术层面上的，如图 1-58 所示，让我们更加直观地去理解合成是什么？合成是以假乱真的工作，并且是建立在美观、简洁、时尚、大气、个性等基础之上的，所以合成是对素材进行艺术再加工的过程。

1.6　光的三原色

● 光的三原色原理

　　如图 1-59 所示，当三种灯光有交集的区域之后，你会发现多出了黄色，品红，青色以及白色，那么这时候我们应该能够深入地体会到光是白色的原因了吧！

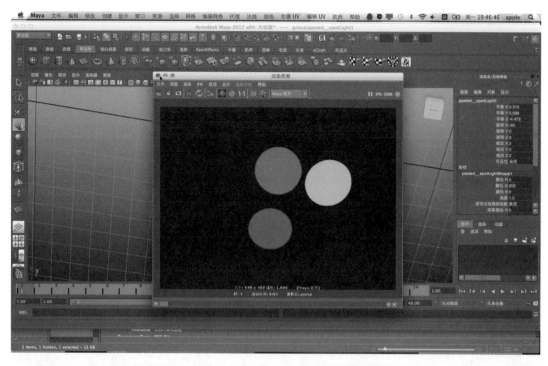

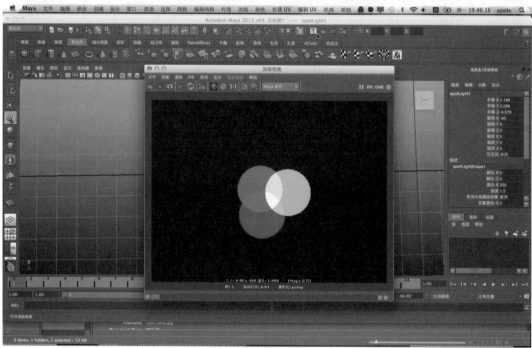

图 1-59　三维软件 Maya 模拟光的三原色

● 加色混合

　　光的混合是一种加色混合，在 PhotoShop 里给这种运算方法起了一个名字叫作滤色，这种方式同样可以达到我们在三维软件里面看到的效果。将图 1-60 默认的"正常"混合模式改为"滤色"，即可模拟图 1-61 光色混合的效果。

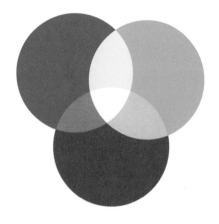

图 1-60 Photoshop 更改混合模式   图 1-61 Photoshop 模拟光的三原色

本章总结

　　很多同学只注重学习技法，忽略基础知识的学习。在工作的时候，会很容易犯各种各样的错误。"分辨率"设置不对，"三原色"也不知道，行业前景模糊。学到最后，知识体系很零散，更别谈独立做出合格的设计了！因此，一定要明白"万丈高楼平地起"的道理。

工具还能这样用！

在学习PhotoShop之前，读者需要学会工具的使用，就像在吃饭之前一定要先拿起筷子或叉子一样。这章的知识很重要，我们一起学习吧！

▶ 学习重点：
1.选择工具组
2.修饰工具组
3.造型工具组
4.视图工具组

2.1　工具，你不知道的事儿

初学者在刚刚开始学习 Photoshop 工具的时候往往会跟着步骤去做，很多时候不明白工具之间的联系，事倍功半。如图 2-1 所示，把工具划分成 4 个部分进行学习，这样能更好地理解工具栏的布局以及工具之间的联系。

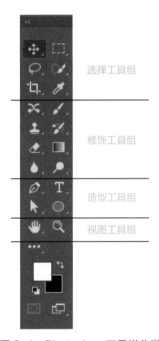

图 2-1　Photoshop 工具栏分类

2.2　选择工具组

2.2.1　移动工具

| Step 01 | 执行"文件 > 新建"，参数如图 2-2 所示。

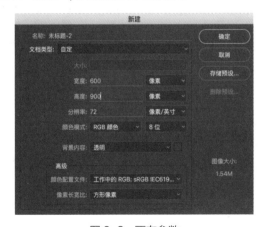

图 2-2　画布参数

Step 02 选择 工具，绘制一个矩形，选择 工具，按住键盘上的 Alt 键，拖动复制 2 次，效果图 2-3 所示。

Step 03 按 Shift 键选中多个图层如图 2-4 所示，分别选择属性栏对齐选项，如图 2-5 所示；以及分布选项，如图 2-6 所示。调整后效果如图 2-7 所示。

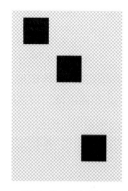

图 2-3 绘制效果

图 2-6 分布选项

图 2-4 选中图层

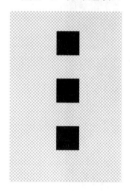

图 2-7 整齐的对象

图 2-5 对齐选项

注意点：

"自动选择"一般情况下建议勾选，在图层较多的情况下，这个功能可以选择画布上的对象。另外需要注意的是，至少选择 2 个图层"对齐"选项才能被启用，至少需要选择 3 个图层则"分布"选项才能被启用。

2.2.2 画板工具

画板工具是 Photoshop CC 为了 UI 用户界面增加的一个新工具。利用该工具可以方便 UI 设计师的工作，使交互的流程更直观，画面更清爽。创建文档的时候注意选择"移动应用程序设计"，如图 2-8 所示，创建后的画面如图 2-9 所示。

图 2-8 新建选项

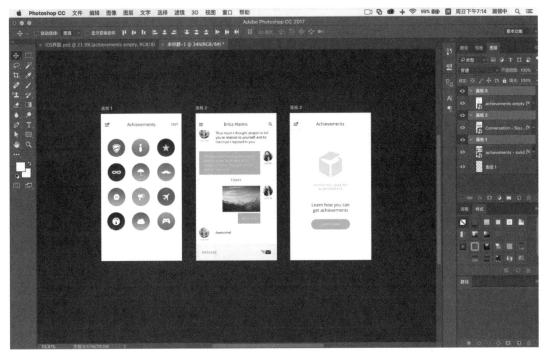

图 2-9　画板示例

2.2.3　选区

可以把选区看成公路，在规定的区域"行驶"说明在选区里。如图 2-10 所示，公路的部分就相当于选区，而绿化带的部分则可类比为非选区。选区可以编辑，选区以外的部分是不可以编辑的。

图 2-10　公路与选区

2.2.4　矩形选框 ▦

▬ Step 01 ▎执行"文件＞新建"，参数如图 2-11 所示。选择 ▦ 工具，绘制一个矩形，配合属性栏的布尔运算选项，如图 2-12 所示，绘制图 2-13 所示效果图。

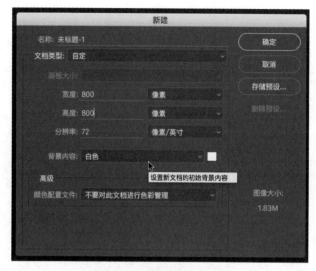

图 2-11　此参数无固定要求

图 2-12　布尔运算选项

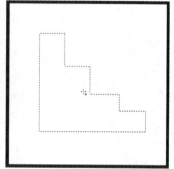

图 2-13　绘制后效果

Step 02　执行"编辑＞填充",如图 2-14 所示。选择合适的颜色,效果如图 2-15 所示。

图 2-14　填充选项

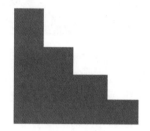

图 2-15　楼梯口横截面

小贴士

布尔运算在 Photoshop 中的应用非常多。一般情况下,需要绘制复杂图形都会用到这些选项,跟选区有关的工具之间可以混合使用。图 2-16 所示详细介绍了各选项之间切换的快捷键!

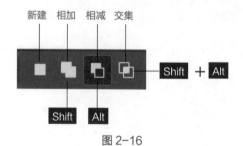

新建　相加　相减　交集

Shift ＋ Alt

Shift　Alt

图 2-16

2.2.5　椭圆选框

利用椭圆选框配合布尔运算选项可以绘制各式各样的形状出来,如图 2-17 所示。

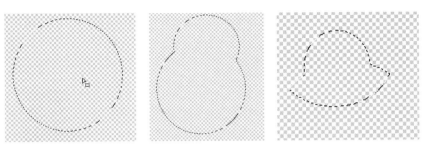

图 2-17 椭圆选框组合

2.2.6 套索工具 ◯ 与多边形套索 ◯

套索工具与多边形套索工具绘制得到的形状分别如图 2-18 所示，需要注意，多边形套索工具需要起始点与结束点在同一个位置。

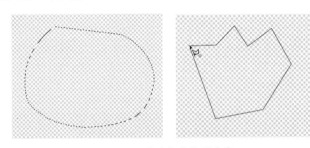

图 2-18 套索与多边形套索

2.2.7 选区案例练习

学习了前面的几个案例，现在可以尝试绘制图 2-19 所示的瓶子，这样的一个案例应该怎样去完成呢？

▇ Step 01 ▏执行"文件 > 新建"，画布大小建议设为 800px×800px(px 是像素的英文缩写)，选择 ▢ 工具，绘制图 2-20 所示效果图。

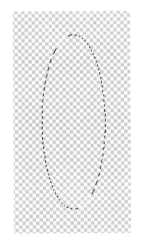

图 2-19 瓶子案例效果图　　　　　　　图 2-20

▇ Step 02 ▏选择 ▢ 工具，属性栏选择" ▣ "，效果如图 2-21 所示。选择 ◯ 工具，选择" ▣ "，效果如图 2-22 所示。

Step 03 执行"编辑 > 填充",选择合适的颜色填充,最终效果如图 2-23 所示。

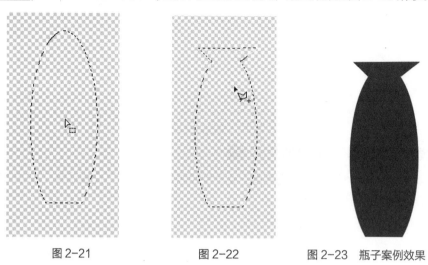

图 2-21　　　　　　　　　图 2-22　　　　　　　　图 2-23　瓶子案例效果

2.2.8　快速选择工具

Step 01 执行"文件 > 打开",打开随书光盘中的第 2 章"小孩"文件,利用工具栏中的 工具,创建图 2-24 所示选区。继续选择属性栏里的 选择并遮住... ,参数如图 2-25 所示。

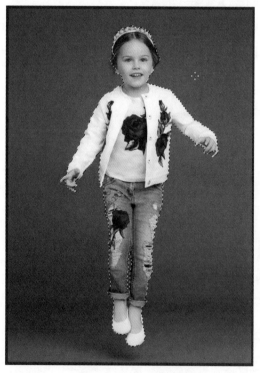

图 2-24　轮廓部分的选区

图 2-25　选择并遮住参数

注意点：

快速选择工具创建选区主要是找主体对象与背景之间的轮廓边缘，在主体与背景的对比差异大的情况下更利于选区的创建。

Step 02 　如果对处理后的结果不是很满意，还可以按图 2-26 所示继续调整，新版本的这个功能是不是很酷？调整后的边缘如图 2-27 所示。

图 2-26　调整工具　　　　　　　　　图 2-27　边缘细节展示

图 2-28　整体抠图效果

2.2.9　魔棒工具

魔棒工具虽然和快速选择工具在一个工具组里，但这两个工具完全没有关联！魔棒工具选取选区判断的主要依据是颜色相近似的像素点，而快速选择工具则是依据轮廓边缘差异选取选区。

Step 01 执行"文件＞打开"，打开随书光盘中的第 2 章"超模"文件，利用工具栏中的
🖌 工具，创建图 2-29 所示选区。执行"选择＞修改＞羽化"，参数如图 2-30 所示。羽化后的
选区如图 2-31 所示。

图 2-29　魔棒工具选区

图 2-31　羽化后的选区

图 2-30　羽化值

小贴士

　　羽化值的确定，建议取值在画布单边尺寸的 1/50 到 1/30 左右。
它是一个范围值，不是定值！
　　查看画布尺寸的具体方法：执行"图像＞图像大小"查看，如图 2-32
所示。

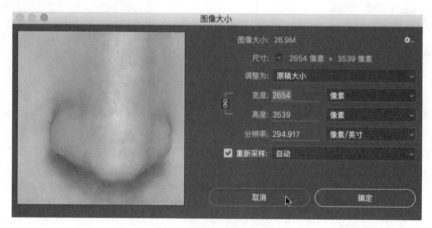

图 2-32　图像大小选项

Step 02 执行"图像＞调整＞亮度／对比度"，参数如图 2-33 所示。最后的对比效果如图 2-34
所示。

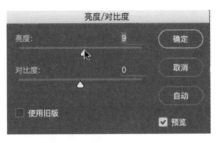

图 2-33　亮度／对比度选项

图 2-34　效果对比图

2.2.10　裁剪工具

利用裁剪工具，可以快速裁剪出需要的尺寸，大大简化了尺寸调整的步骤。很多初学者在设计固定尺寸的作品时，往往都是先新建，然后把需要的图片置入进去。学习了 　 工具之后，你一定会事半功倍。另外，CC 2017 版本的裁剪工具的属性栏里面增加了更多的构图功能选项，如图 2-35 所示。

Step 01　执行"文件 > 打开"，打开随书光盘中的第 2 章"职业装"文件，利用工具栏中的 　 工具，在属性栏里面选择"新建裁剪预设"选项，如图 2-36 所示。名称可以自己选择，如图 2-37 所示，一寸照片的参数如图 2-38 所示。

图 2-35　构图选项

图 2-36　预设选项

图 2-37　名称选项

图 2-38　一寸照参数

注意点：

　　如果图 2-38 的参数无法调整单位，请执行"视图＞标尺"，在画布的刻度线位置就可以修改默认的单位，如图 2-39 所示，做适当的调整后效果如图 2-40 所示。

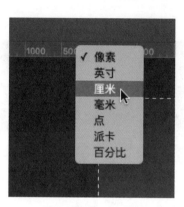

图 2-39　一寸照参数　　　　　　　　图 2-40　一寸照参数

2.2.11　透视裁剪工具

Step 01　执行"文件＞打开"，打开随书光盘中的第 2 章"紧急出口"文件，利用工具栏中的 　 工具，创建图 2-41 所示透视网格，最终效果如图 2-42 所示。

图 2-41　透视网格　　　　　　　　　图 2-42　最终效果

2.2.12　切片工具

　　切片工具往往用在网页设计以及电商设计等领域。网页是由上到下逐步显示的，如果一张图片如图 2-43 所示，图片数据量较大，普通用户的网速要想加载这样大的图片需要较长时间，那么这样页面的访客很容易跳失。所以，要把一张整图切片成一张一张的小图片，这样图片就可以又快又好地显示出来了。

Step 01　执行"文件＞打开"，打开随书光盘中第 2 章的"双 11 预热页面"文件，利用工具栏中的 　 工具，将图像进行切片，执行"文件＞导出＞存储为 Web 所用格式"参数如图 2-44 所示。

Step 02　回到桌面，找到桌面上的"image"文件夹，就会发现被切片的图片了，如图 2-45 所示。

图 2-43 超高页面

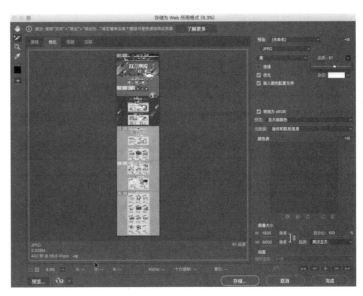

图 2-44 优化选项

图 2-45 切片后效果

2.2.13 切片选择工具

切片选择工具实际上是切片工具的一个辅助，先执行"视图 > 标尺"，在画布刻度线加参考线，切换到 工具，在属性栏选择"基于参考线的切片"，创建图 2-46 所示的切片效果。

但是做网页布局的时候切片的数量是越少越好的，所以我们用 工具，选择多余的切片将之删除，如图 2-47 所示。

图 2-46 默认切片效果

图 2-47 调整后的切片

2.2.14 吸管工具

Step 01　执行"文件 > 打开",打开随书光盘中的第 2 章"色卡"文件,利用工具栏中的
工具,对图像进行取色,颜色会自动进入到色板面板中,如图 2-48 所示。

图 2-48　色卡与色板

Step 02　如果不会配色的话,也不要担心,Adobe 官方给大家设计了一个小工具,执行"窗口 > 扩展功能 >Adobe Color Themes",如图 2-49 所示。

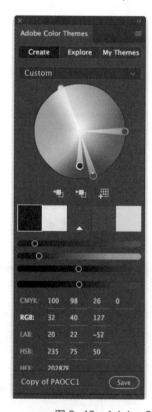

图 2-49　Adobe Color Themes 配色面板

2.2.15 标尺工具

标尺工具可以对图像的色值、角度、起点的坐标、宽度、高度、斜长进行统计,可以通过执行"窗口 > 信息"查看相关数值,如图 2-50 所示。它大有妙用!

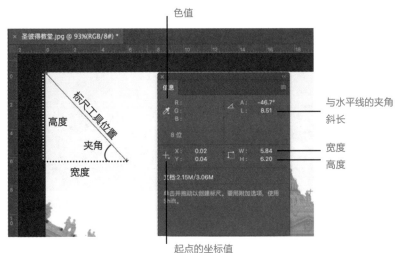

色值

与水平线的夹角

斜长

宽度

高度

起点的坐标值

图 2-50　标尺工具与信息面板

Step 01　执行"文件 > 打开"，打开随书光盘中第 2 章的"圣彼得教堂"文件，利用工具栏中的 ■■ 工具，沿着倾斜的部分画线，如图 2-51 所示效果。

图 2-51　倾斜的教堂

Step 02　在属性栏里选择"拉直图层"选项，得到图 2-52 所示的纠正后的照片效果，不难发现画布的边缘有缺失的部分。这时应该怎么办呢？

图 2-52　角度纠正后

图 2-53　边缘选区

Step 03　利用 ▼ 工具，属性栏选择 ■ 模式，将缺失的部分一次性选择，如图 2-53 所示效果。执行"编辑 > 填充"，内容选项里面选择"内容识别"，参数如图 2-54 所示，最终修正后的效果如图 2-55 所示。

图 2-54 填充选项　　　　　　　　图 2-55 修正角度后

2.2.16 颜色取样器工具

颜色取样器工具是一个很容易被忽略的工具，它是非常好的调整颜色的辅助工具。执行"文件 > 打开"，打开随书光盘中的第 2 章"婚纱"文件，选择 工具，在图像合适的位置取点，效果如图 2-56 所示。不难发现图像有点偏黄色，那么怎么解决呢？

图 2-56 取样点

Step 01 将图 2-57 所示红色标记的部分改成以 CMYK 模式呈现，执行"窗口 > 图层"，找到图层面板，在图 2-58 红色标记处找到"选取颜色"调色命令。

图 2-57 更改色彩模式　　图 2-58 创建调色层

Step 02 颜色选项选择"红色"，参数以及修饰后效果如图 2-59 所示。

图 2-59　参数建议

注意点：

按图 2-60 所示的参数调整后，参数的 Y（黄色）值都一定程度降低了，这样的调色方式更加直观。

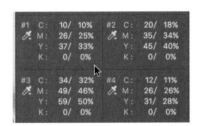

图 2-60　Y 值减少

2.3　修饰工具组

拍出来的照片由于有瑕疵而不敢发朋友圈？本节将分享各种修饰皮肤的技巧，不管是小的雀斑，还是大颗粒的痣，利用 Photoshop 都能快速解决。

2.3.1　污点修复画笔工具

执行"文件＞打开"，打开随书光盘中第 2 章的"雀斑女孩"文件，利用工具栏中的 工具，利用" Alt ＋鼠标滚轮"将视图放大，将图 2-61 中的雀斑部分调整到图 2-62 所示的效果。

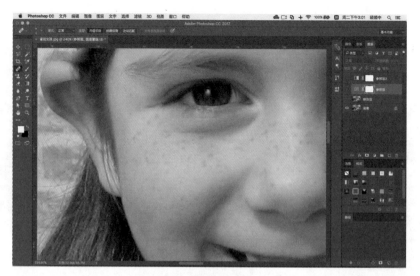

图 2-61　处理前

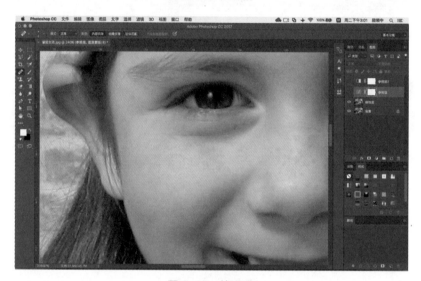

图 2-62　处理后

小贴士

英文输入法下，利用"［"可以放大笔刷"］"可以缩小笔刷

2.3.2　修复画笔工具

Step 01　执行"文件 > 打开"，打开随书光盘中第 2 章的"雀斑女孩"文件，利用工具栏中的 🖌 工具修复图像的时候，会弹出图 2-63 所示对话框。按住 Alt 键采样图 2-64 中"1"标记的好的皮肤部分，然后在有瑕疵"2"标记的皮肤部分直接单击应用。

图 2-63　修复画笔弹窗

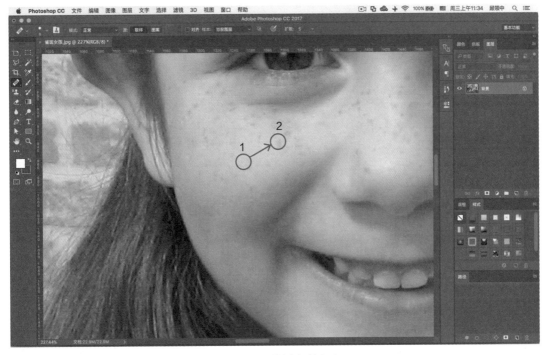

图 2-64　采样点与修复点

注意点：

　　按住 Alt 键采样时要选相邻相近的皮肤，这样得到的修饰效果更好！

2.3.3　修补工具

　　Step 01　执行"文件 > 打开"，打开随书光盘中第
2 章的"纹身"文件，利用工具栏中的 工具，利用
" Alt ＋鼠标滚轮"将视图放大，属性栏选择"源"选项，
如图 2-65 所示效果，创建图 2-66 所示选区，拖曳选区
到相邻相似区域，如图 2-67 与图 2-68 所示。

图 2-65　源选项

图 2-66　选区轮廓

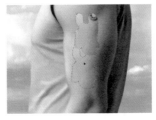

图 2-67　选择填充区域

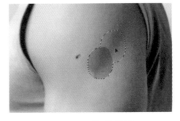

图 2-68　细节部分

小贴士

　　大家可以尝试，将"源"选项改成"目
标"选项，如图 2-69 所示，尝试制作，
效果如图 2-70 所示。

图 2-69　目标选项

041

图 2-70　参考效果

2.3.4　内容感知移动工具

执行"文件＞打开"，打开随书光盘中第 2 章的"鸳鸯戏水"
文件，利用工具栏中的 🔲 工具，创建自己需要的选区，选择"移
动"模式，调整后如图 2-71 所示。

图 2-71　前后对比图

将模式改为"扩展"，调整之后可以得到图 2-72 所示的
效果。

图 2-72　前后对比图

2.3.5　红眼工具

执行"文件 > 打开"，打开随书光盘中第 2 章的"红眼"文件，利用工具栏中的 工具，对红色眼珠的部分拖曳，效果如图 2-73 所示。

图 2-73　前后对比图

2.3.6　画笔工具

Step 01　执行"文件 > 新建"，创建 1024px×1024px 的画布，执行"窗口 > 画笔"，调出图 2-74 所示画笔面板。选择 工具，在画布空白处单击鼠标右键，弹出图 2-75 所示选项。

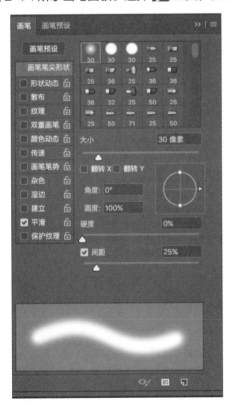

图 2-74　画笔面板

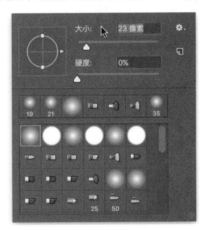

图 2-75　右击选项

图 2-76　笔刷大小硬度对比

小贴士

英文输入法下，利用"["可以放大笔刷，利用"]"可以缩小笔刷

数字键和快捷键可以设置不透明度以及流量，如图
2-77 所示。

- 不透明度按数字键 3、5 即可。

图 2-77　画笔属性栏

- 流量按 " Shift +数字键 3、3" 即可。

☐ Step 02 ｜ 执行"窗口＞画笔预设"，如图 2-78 所示。选择右上角的 ▤ 选项，选择"载入画笔"，选择"snowflakes.abr"文件，如图 2-79 所示。新载入的画笔如图 2-80 所示。

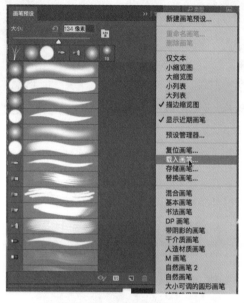

snowflakes.abr

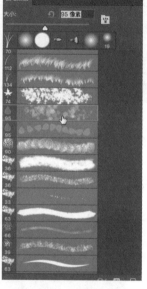

图 2-78　画笔预设面板　　　　　图 2-79　预设文件　　　　图 2-80　新增画笔

☐ Step 03 ｜ 执行"窗口＞画笔"面板，选择雪花笔刷，"大小"与"间距"等相关参数如图 2-81 所示。还可以设置"形状动态"选项，参数以及效果如图 2-82 所示。

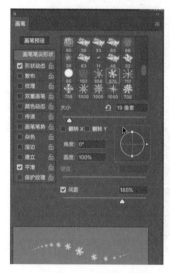

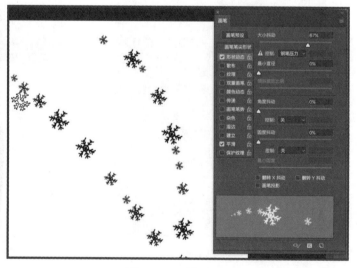

图 2-81　新增画笔　　　　　　　　　图 2-82　形状动态

☐ Step 04 ｜ 设置"颜色动态"选项，画笔绘制的时候前景色选择"彩色"，参数以及效果如图 2-83 所示。可以设置更多的参数，建议大家多做尝试。

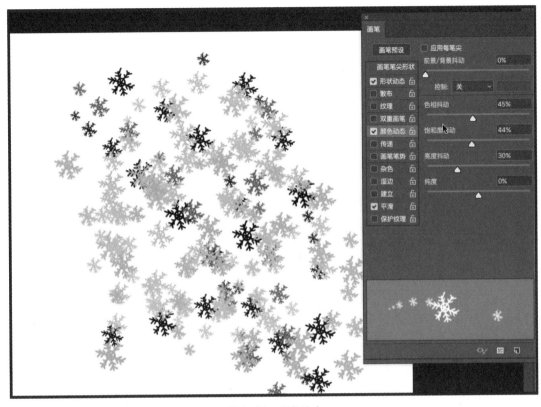

图 2-83　颜色动态

注意点：

　　调整画笔选项的时候，一定要在选项的中文字上点击，而不是在选项前的方框中打勾，如图 2-84 所示。

　　当选择"颜色动态"选项，并设置相关参数时，前景色一定不能是黑白灰，必须是彩色的，如图 2-85 所示，因为黑白灰是无色相的，所以即使给了"色相抖动""饱和度抖动""亮度抖动"，都没有效果。

图 2-84　选中文字部分

图 2-85　前景色为彩色

2.3.7　颜色替换工具

　　执行"文件 > 打开"，打开随书光盘中第 2 章的"化妆品"文件，利用
工具栏中的 工具，在眼球以及嘴唇的部分分别选用蓝色与粉红色进行涂
抹，属性栏选择"颜色"模式，如图 2-86 所示，最终对比效果如图 2-87
所示。

图 2-86　形状动态

图 2-87　前后对比

2.3.8　铅笔工具

　　执行"文件 > 新建"，创建 1024px×1024px 的画布，需要注意的是铅笔工具没有"流量"以及"硬
度"调整选项，如图 2-88 所示。

图 2-88　注意选项

2.3.9　混合器画笔工具

　　执行"文件 > 新建"，创建 1024px×1024px 的画布，选择 工具，属性栏参数如图 2-89
所示，利用多个颜色涂抹，效果如图 2-90 所示。

图 2-89　混合器画笔参数选项

图 2-90　混合颜色

2.3.10　仿制图章工具

执行"文件 > 打开"，打开随书光盘中第 2 章的"微笑女孩"文件，利用工具栏中的  工具，参数如图 2-91 所示，这也是影楼常用的修图参数。但是修复图像的时候，会弹出图 2-92 所示对话框。按住 Alt 键采样好的皮肤部分，然后在有瑕疵的皮肤部分直接点击应用。类似原理参考 2.3.3 小节。

图 2-91　建议参数

图 2-92　弹窗

小贴士　仿制图章与修复画笔的区别？

我们在确保笔刷的"硬度""大小"等参数相同的情况下，"修复画笔工具"会跟新融合的图像进行自适应匹配，如图 2-93 所示。"仿制图章工具"是照搬原图像的内容，如图 2-94 所示。

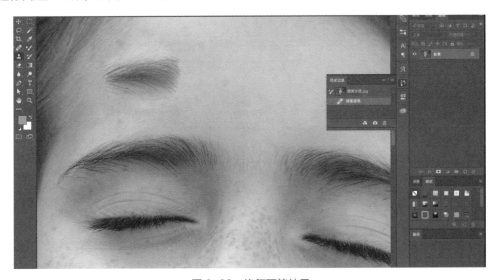

图 2-93　修复画笔结果

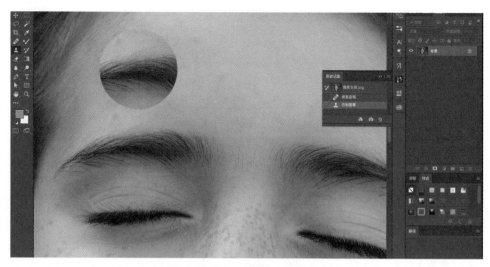

图 2-94　仿制图章结果

2.3.11　图案图章工具

　　照相馆经常要制作证件照，每次洗照片的时候都会洗很多张照片，如图 2-95 所示，但底片只有一张，怎样又快又好地完成工作呢？

图 2-95　照相馆照片样板

Step 01　执行"文件 > 打开"，打开随书光盘中第 2 章的"证件照"文件，利用工具栏中的 工具，属性栏参数如图 2-96 所示，调整后裁剪效果如图 2-97 所示。

图 2-96　裁剪工具属性栏　　　　　　图 2-97　裁剪后效果

Step 02 利用组合键" Ctrl + A ",执行"选择 > 修改 > 收缩",参数如图 2-98 所示,收缩后选区如图 2-99 所示效果。

图 2-98 收缩选区参数   图 2-99 收缩后选区

Step 03 执行"选择 > 反选",如图 2-100 所示。执行"编辑 > 填充",填充色选择白色,如图 2-101 所示。

图 2-100 反选示例   图 2-101 白色边框

Step 04 执行"编辑 > 定义图案",图案名称自定义。执行"文件 > 新建",选择 A4 画布,参数如图 2-102 所示。

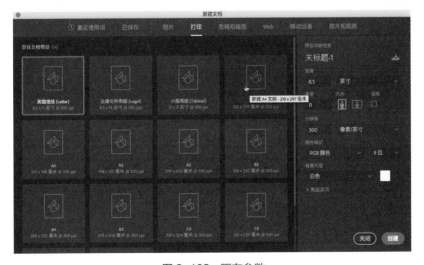

图 2-102 画布参数

▢ **Step 05** 利用工具栏中的 ▨ 工具，属性栏选择如图 2-103 所示。然后用大笔刷在画布上涂抹，最终效果如图 2-104 所示。

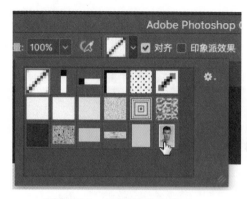

图 2-103 图案图章纹理选项

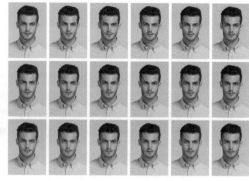

图 2-104 完成后效果

2.3.12 历史记录艺术画笔工具

执行"文件 > 打开"，打开随书光盘中第 2 章的"花"文件，利用工具栏中的 ▨ 工具，属性栏参数可以自己尝试选择不同的类型，如图 2-105 所示。调整后对比效果如图 2-106 所示。是不是唯美的印象派风格就出来了呢？

图 2-105 样式类型

图 2-106 前后对比

2.3.13 历史记录画笔工具

▢ **Step 01** 执行"文件 > 打开"，打开随书光盘中第 2 章的"花冠少女"文件，在开始工作之前首先打开"窗口 > 历史记录"面板，如图 2-107 所示。

图 2-107　历史记录面板

Step 02 执行"滤镜 > 模糊 > 高斯模糊"，高斯模糊值"20"左右，在历史记录面板中将历史记录画笔的源设置到"高斯模糊"这一步，如图 2-108 所示。

图 2-108　高斯模糊参数

Step 03 返回上一步操作，这时候图像就变得清晰了，如图 2-109 所示。

Step 04 利用工具栏中的　工具，对画布进行涂抹，在关键轮廓的部分可以适当降低不透明度以及流量的参数值，最终效果如图 2-110 所示。

图 2-109　返回上一步状态

图 2-110　最终效果图

2.3.14　橡皮擦工具 ✏️

Step 01　执行"文件＞打开"，打开随书光盘中第 2 章的"涂鸦"文件，打开"窗口＞图层"面板，双击背景部分，如图 2-111 所示，弹出图 2-112 所示对话框。

图 2-111　图层面板　　　　　　　　　　图 2-112　弹窗

Step 02 利用工具栏中的 工具，对画布进行涂抹，局部效果如图 2-113 所示。

图 2-113　局部擦除效果

2.3.15　背景橡皮擦工具

　　执行"文件 > 打开"，打开随书光盘中第 2 章的"长发"文件，利用工具栏中的 工具，属性栏的"限制"选项分别设置为"连续"与"查找边缘"，对比效果如图 2-114 所示。

图 2-114　对比效果

2.3.16 魔术橡皮擦工具

执行"文件＞打开"，打开随书光盘中第 2 章的"商务照片"文件，选择工具栏中的 工具，效果如图 2-115 所示，红色标注的图像信息严重缺失。

图 2-115 魔术橡皮擦效果   图 2-116 黑色背景效果

注意点：

一般橡皮擦工具组擦除背景之后，建议大家搭配上黑白灰的背景，测试抠图效果到底如何！如图 2-116 所示。不难发现白色的衣领部分完全破损，背景还有些杂点未去除干净，所以一般建议大家谨慎使用橡皮擦工具组抠图！

2.3.17 渐变工具

近年来，随着 UI 用户界面设计行业的兴起，渐变色被广泛应用于这一领域。渐变色的优点是年轻、时尚、炫目，所以颇受年轻人的喜爱，如图 2-117 所示。

图 2-117 渐变色在 UI 领域的应用

Step 01 执行"文件 > 新建"，选择 iPhone 6 尺寸的画布，如图 2-118 所示。利用工具栏中的 ▦ 工具，属性栏选项分别选择 ▦ ▦ ▦ ▦ ▦ ，如图 2-119 所示。

图 2-118　iPhone 6 尺寸

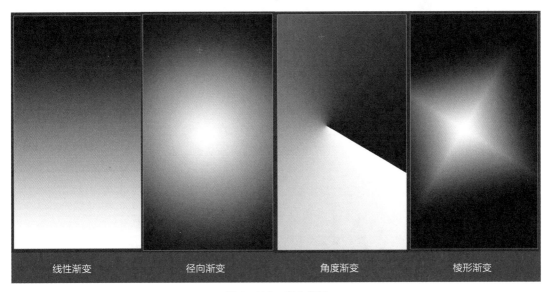

| 线性渐变 | 径向渐变 | 角度渐变 | 棱形渐变 |

图 2-119　渐变类型

Step 02 选择属性栏 ▦，单击黑白色块的部分，弹出图 2-120 所示渐变编辑器。

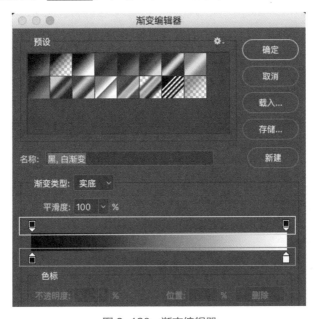

图 2-120　渐变编辑器

注意点：

　　黄色线标注的是不透明度色标，青色线标注的是颜色色标，两种色标数量可以点击增加，也可以拖动删减 。

▢ Step 03　　将渐变编辑器进行设置，利用 ▣ 工具，属性栏设置为 ▣ 状态，在画布上由上到下拖曳，得到图 2-121 所示效果。

图 2-121　渐变颜色设定

 小贴士　怎么样又快又好地设置渐变色？

　　在 ▣ 工具状态下，具体方法参照图 2-122，载入后效果如图 2-123 所示。

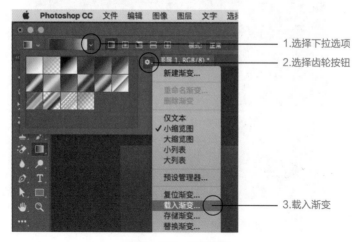

图 2-122　渐变预设

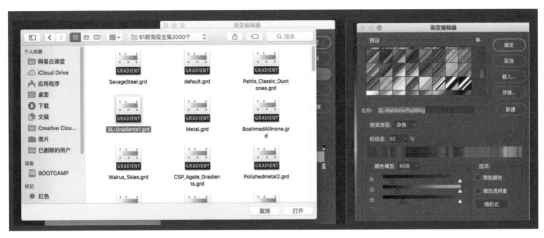

图 2-123　渐变预设种类

2.3.18　油漆桶工具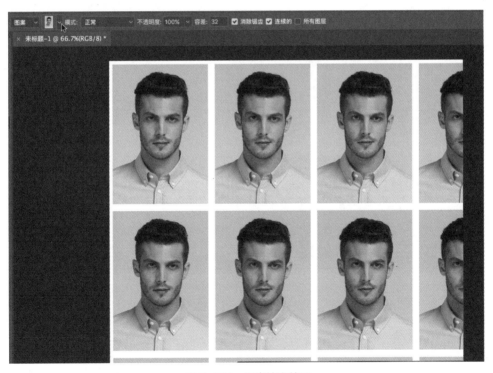

执行"文件 > 新建",创建 1024px×1024px 的画布。选择工具栏中的 ![icon] 工具,属性栏选项选择 ![图案],效果如图 2-124 所示。

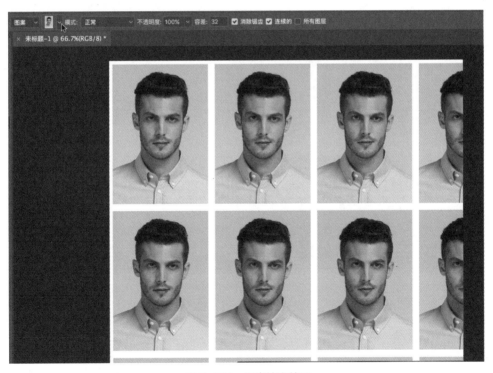

图 2-124　图案填充效果

2.3.19　3D 材质拖放工具

⬜ **Step 01**　执行"文件 > 新建",创建 1024px×1024px 的画布。选择工具栏中的 ![icon] 工具,菜单栏执行"3D> 从图层新建网格 > 网格预设 > 圆柱体",创建图 2-125 所示圆柱体。

⬜ **Step 02**　在图 2-126 所示的黄色标记部分找到材质选项,效果如图 2-126 所示。

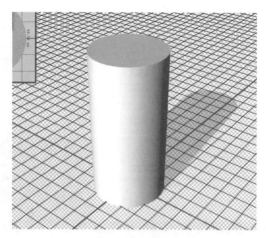

图 2-125　圆柱体

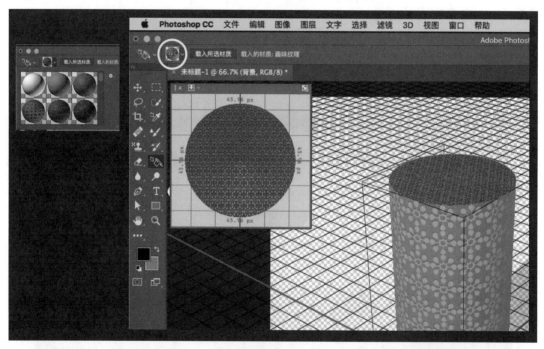

图 2-126　添加材质

 小贴士

3D 打印知多少?

执行"3D>3D 打印",如果你已经链接 3D 打印机的话,就会立刻得到一个 3D 模型,如图 2-127 所示圆柱体。

图 2-127　打印实物

2.3.20　模糊工具

执行"文件 > 打开"，打开随书光盘中第 2 章的"白莲花"文件，利用工具栏中的 🌢 工具，对图像需要模糊的部分进行涂抹，对比效果如图 2-128 所示。

图 2-128　打印实物

2.3.21　锐化工具 ◢

执行"文件 > 打开"，打开随书光盘中第 2 章的"旧皮鞋"文件，利用工具栏中的 ◢ 工具，对图像需要锐化的部分进行涂抹，对比效果如图 2-129 所示。

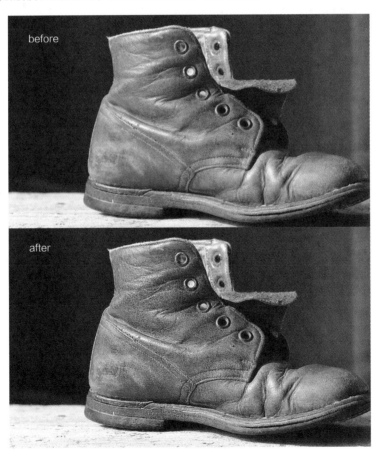

图 2-129　锐化前后对比

注意点：

锐化适当即可，不能在同一块区域多次不断锐化！否则，图像会出现彩色杂点。

2.3.22　涂抹工具

Step 01 执行"文件>打开"，打开随书光盘中第 2 章的"霾"文件，利用工具栏中的 工具，输入文字"霾"，文字颜色为黑色，字号 96，图层不透明度设置在 60% 左右。

Step 02 选择"霾"图层，右击"霾"图层，选择"栅格化图层"，如图 2-130 所示。

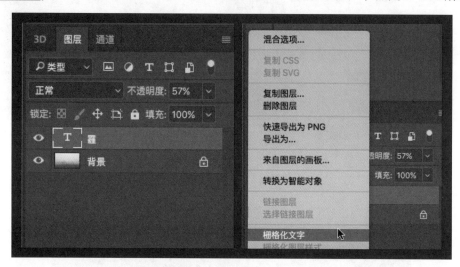

图 2-130　选择"栅格化图层"

Step 03 利用工具栏中的 工具沿着文字边缘涂抹，最终效果如图 2-131 所示。

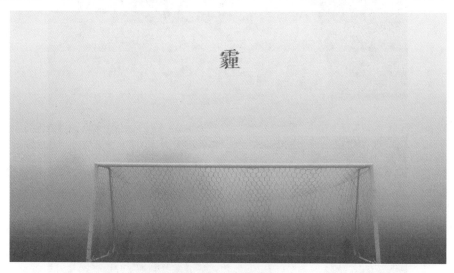

图 2-131　最终效果

2.3.23　加深/减淡工具

执行"文件>打开"，打开随书光盘中第 2 章的"黑白肖像"文件，交替使用工具栏中的 工具以及 工具，对图像进行调整，对比效果如图 2-132 所示。不难发现，调整过后的图像更有层次感、更立体！

图 2-132　加深减淡效果

2.3.24　海绵工具

　　执行"文件 > 打开"，打开随书光盘中第 2 章的"特写"文件，利用工具栏中的 工具，选择属性栏中 模式: 去色，对比效果如图 2-133 所示。选择属性栏中 模式: 加色，对比效果如图 2-134 所示。

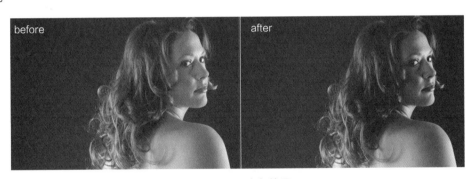

图 2-133　去色效果

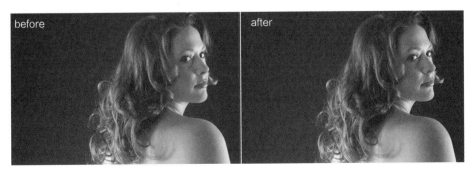

图 2-134　加色效果

小贴士　　# 加深 / 减淡与海绵工具区别在哪里？

　　要了解它们的区别，首先要弄懂色彩的三大属性，我们也知道颜色的3大属性是：色相、饱和度、亮度。其中加深／减淡工具改变的是亮度的部分；海绵工具改变的是饱和度的部分，所以它们尽管都是改变颜色，但改变颜色"部分"是不一样的！三大属性是什么参照图2-135所示。

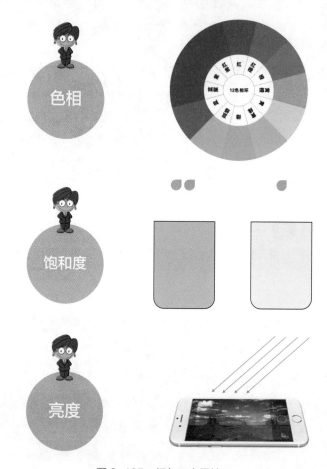

图2-135　颜色三大属性

色相：简单来说就是红、橙、黄、绿、青、蓝、紫……（还可以细分，黑白灰除外）

饱和度：即色彩的浓度。

亮度：即光线的强弱。

2.4　造型工具组

2.4.1　钢笔工具

　　执行"文件＞新建"，创建1000px×300px的画布。选择　　工具，创建图2-136所示的路径。

锚点　图中 □ 所标注的部分
方向点　图中 ○ 所标注的部分

图 2-136　路径

 小贴士　锚点与方向点的调整方式

锚点的调整方式有两种，方向点的调整方式有一种，如图 2-137 所示。

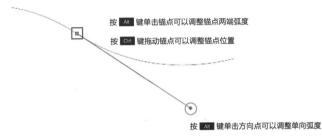

按 Alt 键单击锚点可以调整锚点两端弧度
按 Ctrl 键拖动锚点可以调整锚点位置

按 Alt 键单击方向点可以调整单向弧度

图 2-137　调整方式

2.4.2　自由钢笔工具

执行"文件 > 新建"，创建 1024px × 1024px 的画布。选择 　工具，属性栏的设置如图 2-138 所示，创建的形状如图 2-139 所示。

图 2-138　属性选项

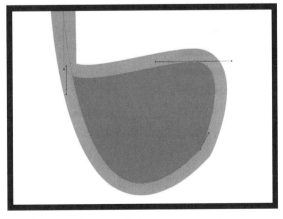

图 2-139　自由钢笔创建的形状

注意点：

图 2-140 所示的工具是钢笔工具的辅助工具，把钢笔工具悬停在锚点上时，钢笔工具就会临时变成删除锚点工具；把钢笔工具放在路径上时，钢笔工具就会自动变成添加锚点工具；在钢笔工具下转化点工具可以配合 Alt 键调整锚点。

图 2-140　钢笔工具辅助工具

2.4.3　横排文字工具 T

Step 01 ┃　执行"文件 > 新建"，选择尺寸为 A4 的画布。选择 T 工具，框选文本，执行"文字 > 粘贴 Lorem Ipsum"，如图 2-141 所示。

图 2-141　Lorem Ipsum 文本

小贴士

Lorem Ipsum 翻译成假字填充：相当于在文字区域用一段事先预置好的文本内容填充空白部分。

Step 02 ┃　执行"窗口 > 字符"，参数以及效果如图 2-142 所示。

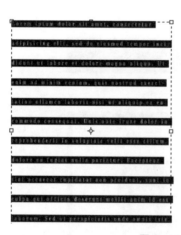

图 2-142　文字面板参数

2.4.4　直排文字工具 ⬚T

Step 01 ┃　执行"文件 > 新建"，选择尺寸为 A4 的画布。选择 ⬚T 工具，单击输入文本，如图 2-143 所示。但是数字部分的阅读非常"难受"！这时就需要将数字逆时针旋转 90°，具体该怎么做呢？

Step 02 执行"窗口＞字符"，选择要调整的数字，在字符面板右上角找到 ■ 选项，弹出图 2-144 所示选项，最终效果如图 2-145 所示。

图 2-143　横排文本内容

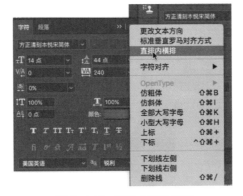

图 2-144　直排内横排选项

图 2-145　调整后效果

 ## Open Type 你听说过吗？

　　OpenType 也叫 Type 2 字体，是由 Microsoft 和 Adobe 公司开发的一种字体格式。OpenType 字体格式最突出的特点是，它可以协助排版用户更快地设计出色版面，比如提供了分数字、上下标、连笔字的替换功能，如图 2-146 所示。本书中我们是以"Minion Pro"字体为样本做演示的，方法如图 2-147 所示。

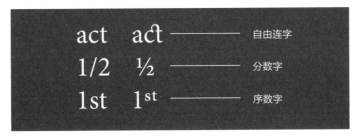

图 2-146　OpenType 字型

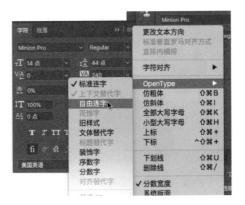

图 2-147　OpenType 设置入口

2.4.5 横排／直排文字蒙版工具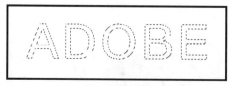

Step 01 执行"文件 > 新建"，创建 1024px × 1024px 的画布，选择 工具，输入文字，如图 2-148 所示。文本蒙版工具其实就是文字选区。

图 2-148 文字选区

Step 02 执行"编辑 > 填充"，选择合适的颜色进行填充，如图 2-149 所示。

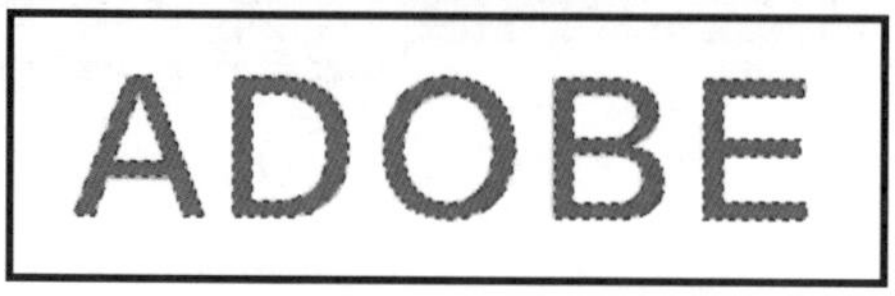

图 2-149 颜色填充

Step 03 执行"选择 > 取消选择"，如图 2-150 所示。

图 2-150 取消选区

 小贴士　文字工具与文字蒙版工具的区别？

　　文字工具是矢量信息，说白了就是这个工具创建的文字无论怎么放大缩小，清晰度都不会有损失。

　　文字蒙版工具是选区，填充颜色之后的图层在放大缩小之后清晰度会大打折扣，对比效果如图 2-151 所示。

文字蒙版工具　　　　　　　文字工具

图 2-151 缩放后清晰度对比

2.4.6 直接／路径选择工具

　　执行"文件 > 新建"，创建 1024px × 1024px 的画布，选择 工具，创建一个形状，如图 2-152 所示。选择 工具可以对整个路径进行移动操作，选择 工具可以对形状或者路径上的锚点进行调整，效果如图 2-153 所示。

图 2-152　形状

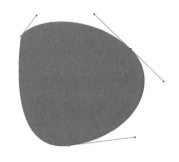

图 2-153　直接选择工具调整锚点

 **小贴士** 路径与选区怎么互相转变！

执行"窗口 > 路径"，调出路径面板，如图 2-154 所示。选择下方的第三个 ■ 按钮，效果如图 2-155 所示。

图 2-154　路径面板

图 2-155　路径转化成选区

2.4.7　矩形工具 ▭

Step 01　执行"文件 > 新建"，创建 1024px×1024px 的画布，选择 ▭ 工具，可以设置"填充""描边"选项，如图 2-156 所示，效果如图 2-157 所示。

图 2-156　属性栏设置

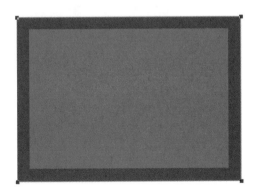

图 2-157　创建效果

■ Step 02 ┃ 在属性栏找到 ▣ 选项，弹出布尔运算选项，选择"合并形状"，如图 2-158 所示，效果如图 2-159 所示。更多的形状组合的方式可以自己多做尝试。

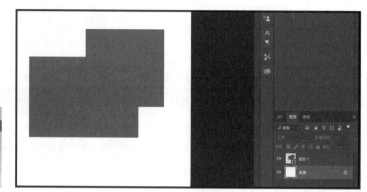

图 2-158　布尔运算　　　　　　　　图 2-159　合并形状

■ Step 03 ┃ 在属性栏找到 ▣ 选项，弹出对齐选项。选择 ▣ 工具，选择复合形状，参数以及效果如图 2-160 所示。

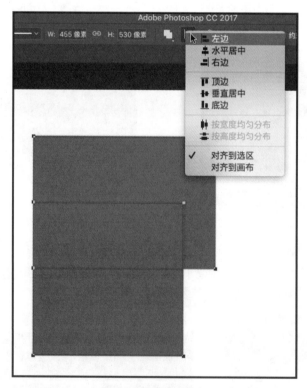

图 2-160　形状对齐

■ Step 04 ┃ 在属性栏找到 ▣ 选项，可以调整形状的顺序，如图 2-161 所示。

图 2-161　顺序选项

2.4.8　圆角矩形工具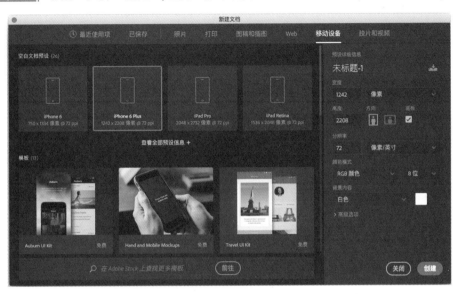

Step 01　执行"文件 > 新建",选择"移动设备 >iPhone 6 Plus",参数如图 2-162 所示。

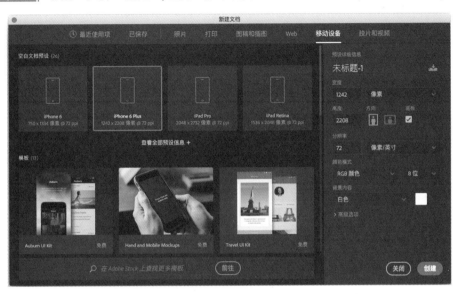

图 2-162　画布尺寸

Step 02　选择 🔲 工具,属性栏设置"渐变填充",如图 2-163 所示。在画布中单击,弹出的参数设置如图 2-164 所示。

图 2-163　渐变填充

图 2-164　iPhone 6 Plus 图标尺寸

图 2-165　iPhone 6 Plus 渐变 icon

 小贴士　iOS 各种设备的图标尺寸！

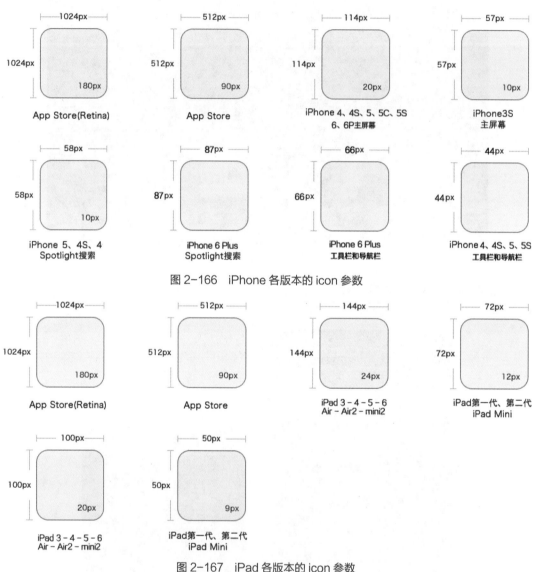

图 2-166　iPhone 各版本的 icon 参数

图 2-167　iPad 各版本的 icon 参数

2.4.9　椭圆／多边形／线段工具

Step 01　执行"文件 > 新建"，选择"移动设备 >iPhone 6 Plus"，选择 工具，取消填充色，描边色参数以及效果如图 2-168 所示。

Step 02　找到"描边选项"下方的"更多选项"，可以对"虚线"以及"间隙"进行设置，参数以及效果图 2-169 所示。

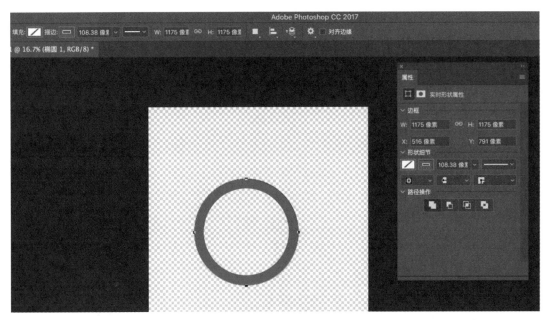

图 2-168 空心圆

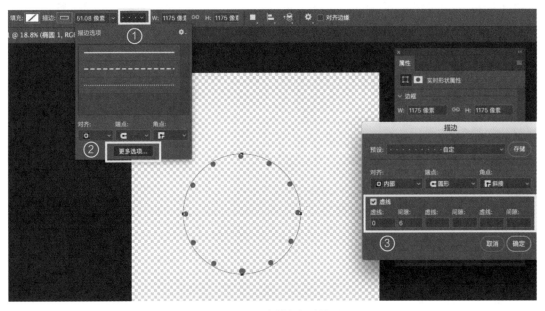

图 2-169 虚线与间隙选项

注意点：

　　◎ 工具的使用方法可以参照 ○ 工具，相关的设置也是一样的。另外，／ 工具的"填充"选项不可以使用，因为 ／ 工具没有实际的宽高。

2.4.10 形状工具

　Step 01　执行"文件 > 新建"，选择"移动设备 >iPhone 6 Plus"，选择 工具，在属性栏找到"形状"选项，弹出图 2-170 所示默认形状。

图 2-170　默认形状

Step 02　选择 ⚙ 设置按钮，选择"全部"，在图 2-171 中会看到全部内置的默认形状图案。

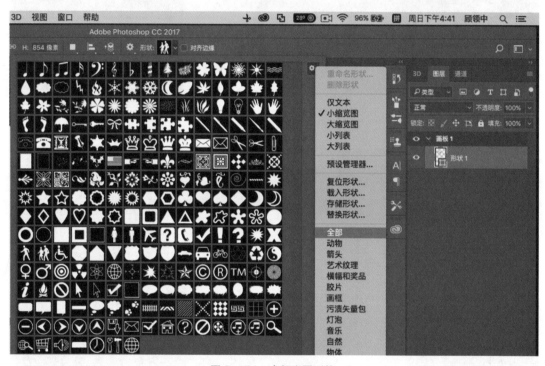

图 2-171　全部内置形状

 小贴士　## 内置的形状不够用怎么办？

　　选择 ⚙ 设置按钮，选择"载入形状"，在随书光盘第 2 章中的"形状预设"文件夹里任选一个后缀名为"csh"的形状预设文件，如图 2-172 所示。载入形状后的形状选项如图 2-173 所示。

图 2-172　形状预设文件

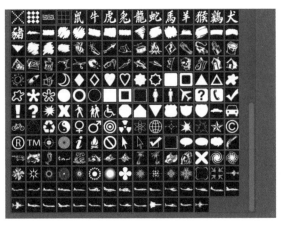

图 2-173　外部形状预设

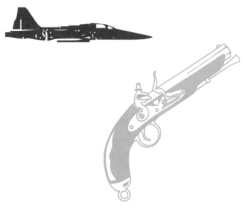

图 2-174　造型各异的形状

2.5　视图工具组

2.5.1　旋转视图工具 🖐

执行"文件＞打开"，打开随书光盘中第 2 章的"婚纱"文件，利用工具栏中的 🖐 工具对画布进行旋转，对比效果如图 2-175 所示。

图 2-175　视图旋转工具

注意点：

旋转视图工具只是临时对画布的观看角度进行调整，并不会对图片进行实际意义上角度的调整。

2.5.2　抓手工具 🖐

　　执行"文件 > 打开"，打开随书光盘中第 2 章的"婚纱"文件，利用工具栏中的 🖐 工具，可以对画布进行平移的操作，但需要注意的是，在"标准屏幕模式"下容易出现不能平移的现象，请利用快捷键 F 键进行切换。

图 2-176　屏幕模式

2.5.3　缩放工具 🔍

Step 01　执行"文件 > 打开"，打开随书光盘中第 2 章的"婚纱"文件，利用工具栏中的 🔍 工具，可以对画布进行缩放的操作，效果图 2-177 所示。

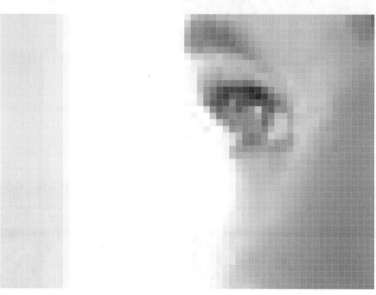

图 2-177　缩放画面

注意点：

　　缩放工具并不会让画布的实际尺寸发生变化。就像同样一个对象，观看距离不一样，眼睛看到的也不一样，但对象本身大小是不变的，如图 2-178 所示。

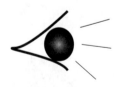

图 2-178　缩放原理

 调整视图太麻烦了?

$$\boxed{空格} + 拖动鼠标左键$$

"$\boxed{空格}$ + 拖动鼠标左键"可以临时切换成 工具。

―――――――――――――――――――――――――――

$$\boxed{Alt} + 滚轮$$

"$\boxed{Alt}$ + 滚轮"可以临时的代替成 工具。

2.5.4 前景色与背景色

执行"文件 > 新建",创建 1024px × 1024px 的画布,利用 $\boxed{X}$ 键可以切换前景色与背景色,利用 $\boxed{D}$ 键可以将前景色与背景色恢复到初始状态,如图 2-179 所示。

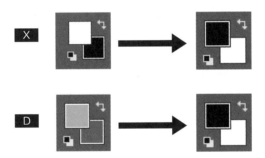

图 2-179 前景色与背景色

本章总结

本章通过多个案例,详细地演示了每一个工具的使用技巧与注意点,以下工具要熟练掌握并理解。

画笔工具:要熟练掌握画笔工具的设置以及参数的设置。

钢笔工具:能够熟练利用 $\boxed{Ctrl}$ 键以及 $\boxed{Alt}$ 键调整锚点以及方向点。

文字工具:掌握路径文字、直排内横排、opentype 等文字工具相关的操作技巧。

Chapter

03

抠图如此轻松

如果有一种魔法相机可以让照片的前景与背景分层，就可以不用去解决抠像的问题了，但在这种技术出现之前，还是一步一步去攻克抠像问题吧！

▶ 学习重点：
1.钢笔工具
2.快速选择工具
3.色彩范围
4.Alpha通道
5.混合颜色带
6.滤色

3.1 为什么抠像?

如图 3-1(a) 所示,这是淘宝上最常见的海报设计图,那么这张海报是怎么设计出来的呢?如图 3-1(b) 所示,首先我们要请模特参与拍摄,然后对模特进行抠图处理,最后去设计一个背景,如图 3-1(c) 所示。这样我们就完成了整个海报的设计。

显而易见,要想完成整个设计,抠图是非常重要的一个环节,很多创意海报都需要在摄影棚里面完成拍摄的工作,然后抠图到 Photoshop 进行艺术性创作。当然,在抠图之前,大家要尽量确保前期拍摄素材的时候,尽量在专业的摄影环境下完成,减少后期的难度。

(a)唯美海报设计

(b)海报拍摄模特

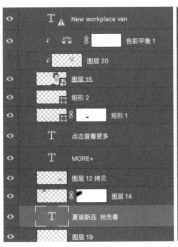

(c)海报背景设计

图 3-1

本节将要和大家分享多种实用的抠图方法,并且对每种类型的图片选择何种抠图方法进行了详细解释,部分案例效果如图 3-2~ 图 3-6 所示。

图 3-2　快速选择抠轮廓

图 3-3　色彩范围抠蒲公英

图 3-4　通道混合器抠冰块

图 3-5　滤色模式抠火焰

图 3-6　Alpha 通道抠毛绒玩具

3.2 快速选择工具

　　快速选择工具可以使主体对象与背景之间的轮廓明确地分离出来，如图 3-7 所示，再配合 选择并遮住... 功能，可以让分离出来的主体对象获得更好的边缘处理效果。

图 3-7　快速选择工具抠图原理

Step 01　执行"文件 > 打开"，打开随书光盘中第 3 章的"丝巾模特"和"水墨背景"文件，利用工具栏中的 工具，属性栏选择 模式，创建如图 3-8 所示。

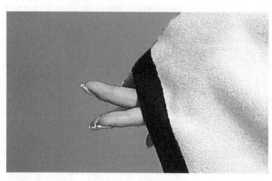

图 3-8　选区边缘

小贴士　　**选区调整**

Alt 可以临时切换为

英文输入法下，利用
"［"可以放大笔刷，
"］"可以缩小笔刷。

Step 02　选区创建好之后，找到 选择并遮住... 属性，参数与效果如图 3-9 所示。

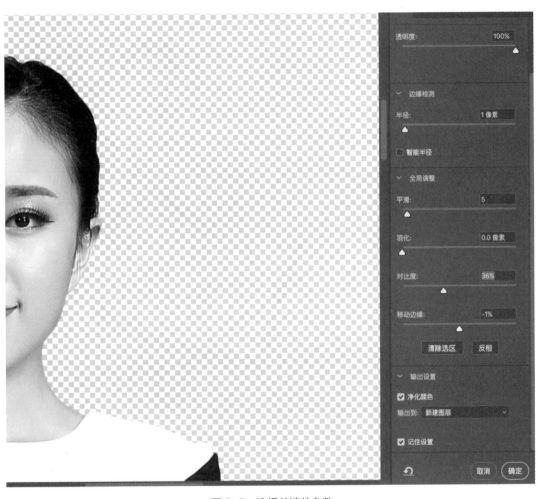

图 3-9　选择并遮住参数

选择刚刚得到的新图层，右击"复制图层"，弹出图 3-10 所示选项。将"目标"选项改为"水墨背景"，人物就复制到了"水墨背景"这个文档里。

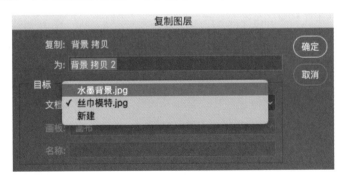

图 3-10　复制图层选项

执行"编辑 > 自由变换"，将人物的大小以及位置进行适当调整，最终效果如图 3-11所示。

图 3-11　最终效果

3.3　钢笔工具

什么情况下才会用到钢笔工具抠图呢？

对于产品细节要求比较高的行业或者产品，如手表、电脑、红酒（见图 3-12）等，建议用钢笔工具抠图。

■ Step 01 ▌执行"文件＞打开"，打开随书光盘中第 3 章的"红酒"和"红酒背景"文件，利用工具栏中的 🖋 工具，属性栏选择"路径"状态，创建图 3-13 所示路径。

注意点：

在添加锚点的时候，尽量在拐点转折处添加，锚点的数量越多往往得到的路径效果越差。

图 3-12　红酒

图 3-13 红酒路径

Step 02 通过组合键"Ctrl + Enter",将路径转化成选区,执行"图层 > 新建 > 通过拷贝的图层",关闭背景层的眼睛,抠图效果如图 3-14 所示。

Step 03 选择刚刚得到的新图层,右击"复制图层",目标文档改为"红酒背景",执行"编辑 > 自由变换",适当调整红酒的位置以及大小,效果如图 3-15 所示。

图 3-14 抠图效果　　　　　　　　图 3-15 自由变换

Step 04 按住组合键"Ctrl + Shift + N",创建一个新图层,取名"阴影",如图 3-16 所示。

Step 05 选择工具栏 🖌 工具,属性栏中"不透明度"参数建议在"10%"左右,右击设置画笔"大小"以及"硬度"参数,如图 3-17 所示。

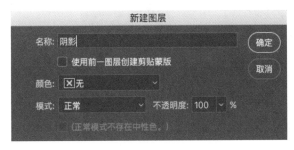

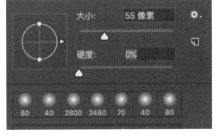

图 3-16 创建新图层　　　　　　　　图 3-17 画笔参数

Step 06 在酒瓶底部适当进行涂抹，对比效果如图 3-18 所示。

图 3-18 前后对比

Step 07 按住组合键" Ctrl + Shift + Alt + E "盖印可见图层，执行"图层 > 图层蒙版 > 显示全部"，利用工具栏中的 ▣ 工具，属性栏选择" ▣ "，如图 3-19 所示，黄色边框标注的部分，中间到边缘是黑色到白色的渐变。

Step 08 选择图 3-19 中青色边框标注的部分，执行"滤镜 > 模糊 > 镜头模糊"，参数如图 3-20 所示，用黑色画笔对黄色边框标注的图层蒙版进行涂抹，最终效果如图 3-21 所示。

图 3-19 添加图层蒙版

图 3-20 镜头模糊参数 图 3-21 最终效果

3.4　色彩范围

　　色彩范围常常用来解决蓝、绿背景抠图的问题，这种技术常常被用于电影、电视后期的制作，如图 3-22 所示，生活中往往在影楼、照相馆中被广泛应用。

图 3-22　电影电视中的应用

■ Step 01 ┃ 执行"文件＞打开"，打开随书光盘中第 3 章的"蒲公英"和"美景"文件，执行"选择＞色彩范围"，利用色彩范围里的 对蓝天的部分进行吸取，效果以及参数如图 3-23 所示。

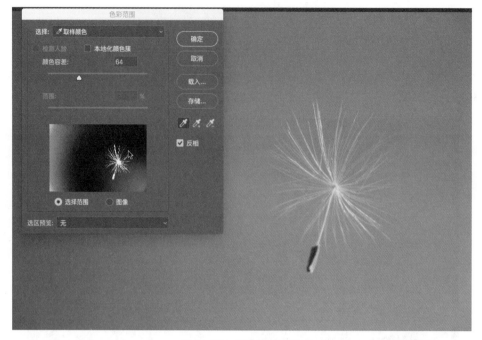

图 3-23 色彩范围选项

注意点：

　　图 3-24 所示的选择范围中的白色表示选区，黑色表示非选区，灰色是半透明选区。因此我们要将灰色的部分进行处理。

Step 02 利用色彩范围里的 ![icon] 对图 3-24 选择范围中的灰色部分进行吸取，调色后的色彩范围参数如图 3-25 所示，蒲公英选区如图 3-26 所示。

图 3-24 选择范围

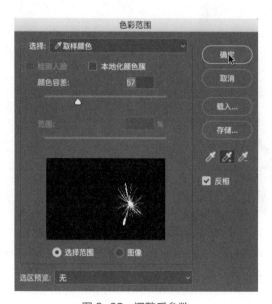

图 3-25 调整后参数

图 3-26　蒲公英选区

Step 03　执行"图层 > 新建 > 通过拷贝的图层",如图 3-27 所示,不难发现,图中的蒲公英受到环境色的影响而呈现瑕疵。那么,接下来我们就要解决瑕疵的问题!

图 3-27　有瑕疵的蒲公英

Step 04　按住组合键" Ctrl + Shift + N ",创建一个新图层,修改图层名称为"加色",利用 ✐ 工具吸取蒲公英粉色的部分,再配合 ✐ 工具在"加色"图层上涂抹,尽量覆盖蒲公英"羽毛"的部分,效果如图 3-28 所示。

图 3-28　逐步涂抹覆盖

Step 05 | 选择"加色"图层，右击图层，选择" 创建剪贴蒙版 "选项，效果如图 3-29 所示。

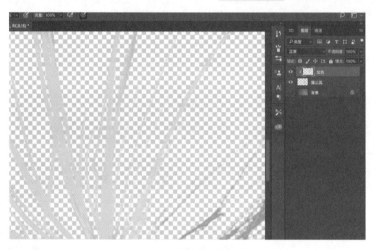

图 3-29　剪贴蒙版后图像

Step 06 | 将图层的混合模式改为"颜色"，效果如图 3-30 所示。

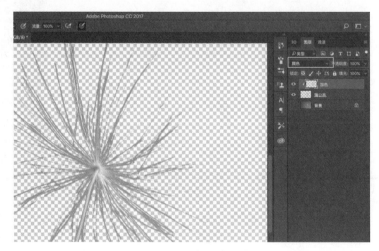

图 3-30　颜色混合模式

■ Step 07 按住 Shift 键选择"加色"以及"蒲公英"图层,执行"图层 > 图层编组",在图层面板中,选择新得到"组 1",重命名为"蒲公英",右击选择"复制组",在弹出的复制组选项中将"目标"选择为"美景",效果如图 3-31 所示。

图 3-31　新背景下蒲公英

■ Step 08 执行"编辑 > 自由变换",将"蒲公英"调整到合适的大小,并且将"蒲公英"里面的"加色"图层的颜色修改成白色,效果如图 3-32 所示。

图 3-32　慢慢与环境协调

Step 09 选择图层面板下的 按钮，选择"曲线"，并且右击当前图层，在弹出的选项中选择"创建剪贴蒙版"，效果如图 3-33 所示。

图 3-33 对组创建剪贴蒙版

注意点：

剪贴蒙版作用于图层组的功能在 Photoshop 的较老版本上是无法使用的，建议选择使用 Photoshop CC 之后的版本完成本案例。

Step 10 "曲线"参数如图 3-34 所示，效果如图 3-35 所示。

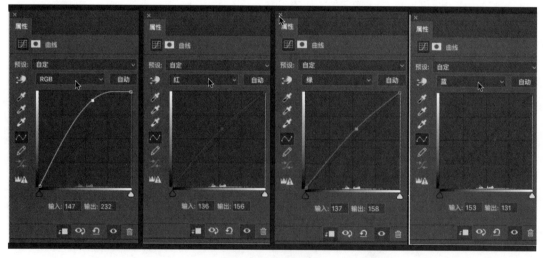

图 3-34 曲线参数

图 3-35　调色后的蒲公英

Step 11　按住 Shift 键选择"曲线 1"以及"蒲公英"图层组，右击选择"转化为智能对象"，按住 Alt 键并且拖曳，多复制一些蒲公英，执行"编辑＞自由变换"多次调整蒲公英的大小以及位置，最终效果如图 3-36 所示。

图 3-36　最终效果

3.5　混合颜色带

　　混合颜色带是通过亮度的关系实现图像的抠取。如图 3-37 所示青色边框滑竿的部分，当亮度值设定到 X，那么在"0-X"之间亮度的颜色都会被"屏蔽"掉；如果调整黄色边框标注的滑竿，当亮度值设定到 X，那么在"X-255"之间亮度的颜色都会被"屏蔽"掉。

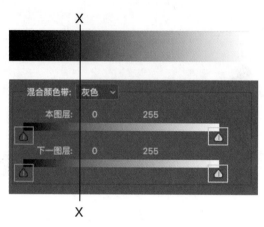

图 3-37　混合颜色带原理

Step 01 　执行"文件＞打开"，打开随书光盘中第 3 章的"玻璃杯"和"冰块"文件，利用" ⬛ "工具，在冰块的轮廓部分创建选区，属性栏选择"选择并遮住"，用图 3-38 中的黄色边框标注的工具对冰块轮廓进行修饰。

图 3-38　冰块轮廓

Step 02 　在图层面板中，选择新得到图层，右击选择"复制图层"，在弹出的复制组选项中将"目标"选择为"玻璃杯"，效果如图 3-39 所示。

图 3-39　玻璃杯与冰块

Step 03 在图层面板中，选择新得到图层，按住 Alt 键并拖动 2 次，分别将图层命名为 "L" "M" "R"，效果如图 3-40 所示。

图 3-40　半成品

Step 04 双击 "M" 层，参数以及效果如图 3-41 所示。

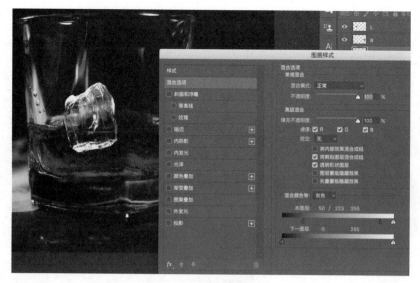

图 3-41　混合颜色带参数

注意点:

　　未分开的滑块如图 3-42 所示,按住键盘上的 Alt 键,选择滑块的半边,可以让滑块分开,如图 3-43 所示,从而达到亮度过渡更自然的目的。

图 3-42　未分开的滑块

图 3-43　分开的滑块

Step 05　将图层混合模式改为"亮光",在图层面板下方单击 按钮,利用工具栏里的 工具,前景色设置为"黑色",不透明度"20"左右,画笔大小 400 左右,效果如图 3-44 所示。

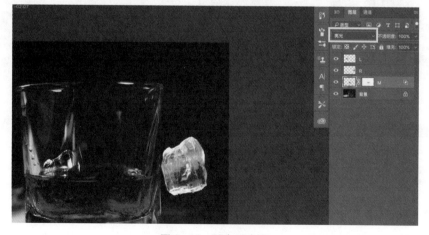

图 3-44　融合后冰块

Step 06 | 选择"L"和"R"图层，借鉴前面的方法，执行"编辑 > 自由变换"，分别调整"L""M""R"几个图层的大小与位置，最终效果如图 3-45 所示。

图 3-45　最终效果

3.6　滤色法

跟火焰相关的炫酷海报非常常见，其中最有挑战的一步就是将"火焰"完美地融入到新的背景中，本节将介绍"滤色法"，轻轻松松应对这类问题，如图 3-46 所示。

图 3-46　运动广告

Step 01 执行"文件＞打开"，打开随书光盘中第 3 章的"踢球"和"火焰"文件，选择"火焰"文档的图层面板，右击选择"复制图层"，选项中将"目标"选择为"踢球"。

Step 02 执行"编辑＞自由变换"，适当调整旋转以及大小，选择 🖱 按钮，适当对画布进行调整，选择 Enter 键确认，效果如图 3-47 所示。

图 3-47 变形模式

Step 03 将图层混合模式改为"滤色"，效果如图 3-48 所示。

图 3-48 滤色模式

3.7　Alpha 通道抠图

　　Alpha 通道抠图常常被用在处理毛发的抠图上，原理是将 Alpha 通道中灰色的部分去掉，只保留黑白的部分，如图 3-49 所示，白色在 Alpha 通道中就表示选区。案例合成效果如图 3-50 所示。

图 3-49　黑白关系图

图 3-50　合成效果

　　■ Step 01 ▎执行"文件＞打开"，打开随书光盘中第 3 章的"毛绒玩具"和"手机祝福"文件，找到"窗口＞通道"面板，如图 3-51 所示。

图 3-51　通道面板

Step 02 | 分别选择"红""绿""蓝"这三个通道进行尝试性对比,效果分别如图3-52~图3-54所示。

图 3-52 红通道

图 3-53 绿通道

图 3-54   蓝通道

注意点：

　　最终选择"红通道"，因为"红通道"中毛绒玩具与拍摄背景的亮度差最明显，这样便于得到更好的黑白图像。通道的选择不唯一、不固定，这个案例中绿通道也可以做尝试，但是蓝通道就一定不行。

■ **Step 03** ┃ 选择"红"通道，右击"复制通道"，效果如图 3-55 所示。

图 3-55   红拷贝通道

注意点：

为什么要复制一个通道副本？红拷贝通道到底是什么？红拷贝通道其实就是 Alpha 通道，在下一章节会详细介绍。

Step 04　　执行"图像 > 调整 > 色阶"，参数以及效果如图 3-56 所示。

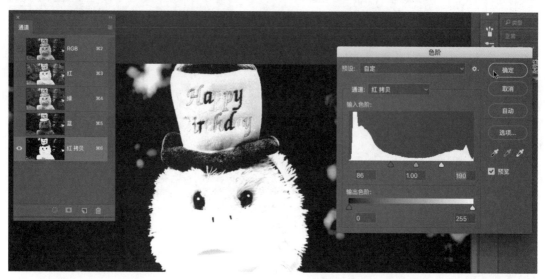

图 3-56　色阶加强黑白对比

Step 05　　利用工具栏 工具，毛绒玩具的部分用白色的笔刷涂抹，背景的部分用黑色的笔刷涂抹，效果如图 3-57 所示。

图 3-57　黑白对比图

Step 06　　执行"选择 > 载入选区"，在弹出的面板直接"确定"，选择通道面板中的"RGB"，选区的效果如图 3-58 所示。

Step 07　　执行"图层 > 新建 > 通道拷贝的图层"，将新得到的图层右击复制给目标文档"手机祝福"。

图 3-58　毛绒玩具选区效果

Step 08　执行"编辑 > 自由变换"，适当调整毛绒玩具的大小与位置，最终效果如图 3-59 所示。

图 3-59　最终效果

本章总结

　　本章分享了 6 种抠图技巧，希望读者能够将其应用到以后的工作中。另外，遇到比较复杂的图像抠图时，可以利用多种方式组合应用来解决问题。

04

通道与蒙版现真招

也许你还在使用橡皮擦工具，也许你还在纠结通道到底是什么？没关系，学了本章之后，你会感觉一切都那么简单！

▶ 学习重点：
   1.图层蒙版
   2.剪贴蒙版
   3.颜色通道
   4.专色通道
   5.Alpha通道

4.1 通道与蒙版分类

4.1.1 通道与蒙版的重要性

通道与蒙版是 Photoshop 里面非常重要的知识点，都说理解了通道与蒙版就掌握了 Photoshop 的一大半的知识点，这个是有道理的。因为在一个项目的制作过程中，基本上离不开通道与蒙版，我们调色的时候要对通道非常理解才能得到一个比较好的色调，在合成一幅作品的时候一定离不开蒙版的应用。

4.1.2 蒙版的类型

蒙版可分为以下 4 种类型：图层蒙版、矢量蒙版、剪贴蒙版、快速蒙版。在这里经常被用到的是图层蒙版、矢量蒙版。

● 图层蒙版

图层蒙版里面主要记录了黑白灰三种亮度信息，黑色表示图层所对应的位置透明效果，白色表示不对图层产生影响，灰色则显示为半透明的效果，如图 4-1 所示。

● 剪贴蒙版

剪贴蒙版至少要两个图层才能添加，一般上方是图案层，下方是形状轮廓层，添加剪贴蒙版一般是在上方图案层添加，如图 4-2 所示。

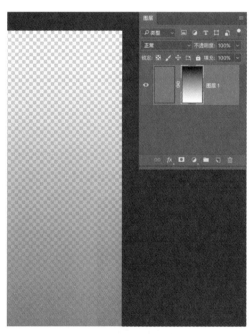

图 4-1　图层蒙版

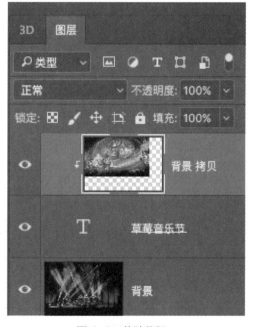

图 4-2　剪贴蒙版

● 快速蒙版

快速蒙版主要的作用是用来创建选区，在工具栏里面单击 ，就是快速蒙版按钮，双击 ▣ 按钮还可以设置快速蒙版选项，如图 4-3 所示。

● 矢量蒙版

矢量蒙版里面记录的是路径，白色表示图层所对应部分完全显示，灰色则表示为透明效果，如图 4-4 所示。

图 4-3　快速蒙版

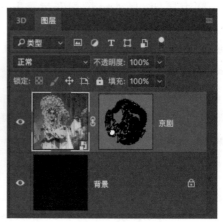

图 4-4　矢量蒙版

4.1.3　通道的类型

通道按类型可分为 3 种类型：颜色通道、专色通道、Alpha 通道。

● 颜色通道

用来记录图像中颜色的通道叫作颜色通道。如图 4-5 所示，红、绿、蓝通道为颜色通道，也称为源通道。每个单独的颜色通道都是 0 ~ 255 范围内的 256 个亮度值组成的。两个或者两个以上的通道就可以产生混合的效果，比如：红通道与绿通道可以得到偏黄色图像。RGB 通道即为红、绿、蓝 3 个通道的混合通道。

● 专色通道

用来记录专有颜色的通道叫作专色通道。一般在印刷品做烫金、烫银效果的时候会用到专色通道的知识。如图 4-6 所示，黄色边框标注的就是专色通道，印刷成品的效果如图 4-7 所示。

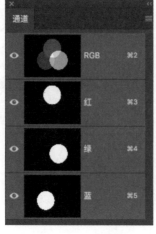

图 4-5　颜色通道

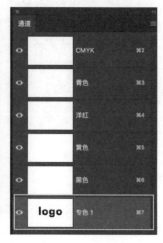

图 4-6　专色通道

图 4-7　专色烫印

● Alpha 通道

　　用来记录透明选区的通道叫作 Alpha 通道，如图 4-8 所示。在 Alpha 通道中，白色表示选区，黑色是非选区，灰色是半透明选区。

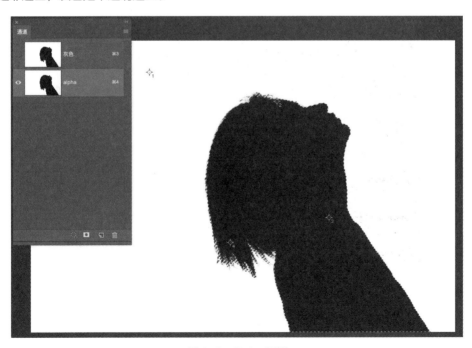

图 4-8　Alpha 通道

4.2 神奇的"换脸术"：制作一张"照骗"

相信大家都有自己的偶像，不知道大家有没有尝试过将自己的脸"P掉"，换成自己偶像的脸呢，赶紧认真学起来！

Step 01 执行"文件 > 打开"，打开随书光盘中第 4 章的"睡美人"和"脸"文件，在"脸"文档中右击"复制图层"，将目标文档设置为"睡美人"，如图 4-9 所示。

图 4-9 目标文档

Step 02 执行"编辑 > 自由变换"，适当降低图层的不透明度，按住 Shift 键等比例调整当前图像的大小，效果如图 4-10 所示。

图 4-10 自由变化

Step 03 为了方便后续的调整，我们利用工具栏上的 工具顺时针旋转 90°，效果如图 4-11 所示。

Step 04 选择上面的图层，在图层面板下方单击 ▣ 按钮，效果如图 4-12 所示。

Step 05 利用工具栏上的 ✐ 工具，选择黑色的笔刷，在图层蒙版中对人脸以外的部分进行涂抹，效果如图 4-13 所示。

图 4-11 画布旋转

图 4-12 添加图层蒙版

图 4-13 蒙版调整后

注意点：

　　按住 Alt 键，同时单击图层蒙版缩览图，可以全画布查看图层蒙版，如图 4-14 所示。在处理黑白边缘过渡的时候可以适当降低画笔的"不透明度""硬度""大小"。

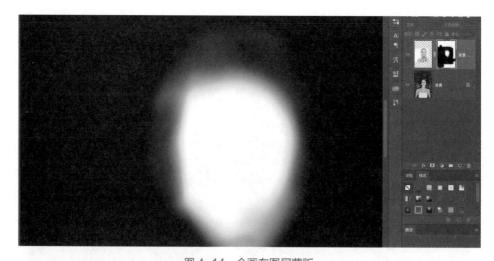

图 4-14　全画布图层蒙版

利用工具栏上的  工具逆时针旋转 90°，最终效果如图 4-15 所示。

图 4-15　最终效果

4.3　唯美婚纱：最美的邂逅

每个人都羡慕别人拍的婚纱照，这节我们将利用图层蒙版的知识点跟大家分享怎样去创作一个唯美的婚纱照，说不定以后你自己会用得上！

Step 01　执行"文件 > 打开"，打开随书光盘中第 4 章的"匠心丹品"和"雪景"文件，在"匠心丹品"文档中右击"复制图层"，将目标文档设置为"雪景"，如图 4-16 所示。

图 4-16　目标文档

Step 02　选择上面的图层，在图层面板下方单击 ▣ 按钮。利用工具栏上的 ✐ 工具，选择黑色的笔刷，在图层蒙版中对人物以外的部分进行涂抹，效果如图 4-17 所示。

图 4-17　蒙版修饰后

注意点：

如果黑色的笔刷在涂抹边缘的时候擦得太多，可以先执行快捷键 **D**，然后按一下 **X** 键，使用白色的笔刷恢复涂抹过多的区域。

Step 03　选择背景层，右击复制图层，并将图层命名为"柳枝"，将其置于图层的最上方，关闭下方图层的 ◉ 按钮，效果如图 4-18 所示。

图 4-18　图层调整

Step 04 双击"柳枝"层，打开"图层样式"选项，找到"混合颜色带"选项，参数以及效果如图 4-19 所示。

图 4-19 混合颜色带

Step 05 在图层面板下方单击 ▣ 按钮，利用工具栏上的 🖊 工具，选择黑色的前景色对多出来的部分进行涂抹，打开下方图层的 ◉ 按钮，效果如图 4-20 所示。

图 4-20 半成品

Step 06 执行"编辑 > 自由变换"，适当调整人物的大小，效果如图 4-21 所示。

图 4-21 调整人物比例

■ Step 07 ┃　利用工具栏上的 ▣ 工具，将人物放在视觉中心点上，效果如图 4-22 所示。最终效果如图 4-23 所示。

图 4-22　重新构图

图 4-23　最终效果

4.4　手表广告

　　做设计师接触到最多的可能就是商业广告了，那么在商业广告里面，图层蒙版是 Photoshop 用到最多的技术知识点之一，接下来我们就将结合一个手表的案例来完成下面案例的制作！

■ Step 01 ┃　执行"文件 > 打开"，打开随书光盘中第 4 章的"手表"文件，利用工具栏中的 ▣ 工具，属性栏选择"路径"，创建如图 4-24 所示。

图 4-24　手表轮廓

Step 02 执行组合键"**Ctrl** + **Enter**",将路径转化为选区。执行组合键"**Ctrl** + **J**",通过复制的图层,抠好的手表如图 4-25 所示。

图 4-25　手表抠图

Step 03 执行组合键"**Ctrl** + **Shift** + **N**",创建一个新图层。执行"编辑>填充",填充黑色,效果如图 4-26 所示。

图 4-26　填充黑色

Step 04 选择手表所在的图层，执行组合键"Ctrl + T"，适当调整手表的大小以及旋转，效果如图 4-27 所示。

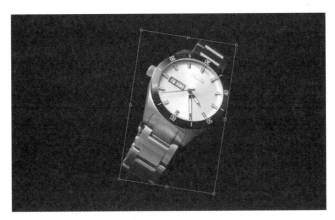

图 4-27 比例调整

Step 05 执行组合键"Ctrl + J"，复制一个副本。对副本执行快捷键"Ctrl + T"，效果如图 4-28 所示。

图 4-28 副本对象

Step 06 在图层面板下方单击 ▣ 按钮，利用工具栏中的 ▣ 工具，在属性栏设置 ▣ ▣，然后在图层蒙版中拖曳，效果如图 4-29 所示。

图 4-29 蒙版制作镜像

Step 07 执行"编辑 > 填充",将背景色改为灰色。执行"滤镜 > 杂色 > 添加杂色",效果如图 4-30 所示。

图 4-30 添加杂色

Step 08 分别选择手表以及镜像图层,分别执行组合键 " Ctrl + T ",在调整的时候按住 Ctrl 键调整 4 个角点可以调整对象的透视关系,如图 4-31 所示。

图 4-31 透视调整

Step 09 经过调整之后,最终效果如图 4-32 所示。

图 4-32 最终效果

4.5 音乐节海报

设计了一个海报，但是海报的标题不够炫酷怎么办？学习本节之后你就能用最简单实用的方法修改标题了。

Step 01 执行"文件＞打开"，打开随书光盘中第 4 章的"绚丽舞台"和"彩色陀螺"文件，利用工具栏中的 ▉ 工具，找到"窗口＞字符"，参数与效果如图 4-33 所示。

图 4-33　文字倾斜

Step 02 将"彩色陀螺"文件复制到目标文档"绚丽舞台"中，效果如图 4-34 所示。

图 4-34　文档整合

Step 03 选择"背景拷贝"层，右击选择"创建剪贴蒙版"选项，图层效果如图 4-35 所示，最终效果如图 4-36 所示。

图 4-35　剪贴蒙版

图 4-36　最终效果

4.6　蒙版嵌套

如图 4-37 所示的案例，这样的版面效果单独用一个图层蒙版或者剪贴蒙版几乎不可能完成。那么，这时候就需要在图层上添加多个蒙版，多次做限定调整才能得到这样的效果，这个也就是我们所说的蒙版嵌套。

图 4-37　嵌套案例

Step 01 执行"文件 > 新建",创建 900px×300px 的画布,利用 [img] 工具,找到"窗口 > 属性",参数与效果如图 4-38 所示。

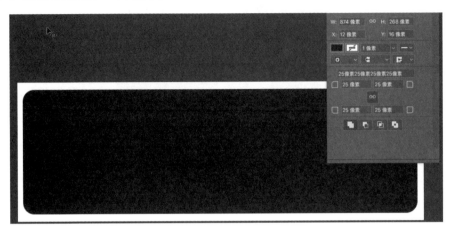

图 4-38 参数设置

Step 02 将随书光盘中第 4 章中的"011""022""033"同时拖入到画布中,适当调整图片的大小,参数与效果如图 4-39 所示。

图 4-39 文件置入

Step 03 按 Shift 键同时选择"011""022""033"图层,在图层面板中右击选择"创建剪贴蒙版",效果如图 4-40 所示。

图 4-40 剪贴蒙版

注意点:

置入到画布中的三个图片,中间的那张图片一定要放在图层的最上方,参数如图 4-41 所示。

图 4-41　图层顺序

Step 04　选择"033"图层，并且降低该层不透明度，利用 ![tool] 工具，在图 4-42 所示的黑色虚线框标注的部分创建选区。

图 4-42　相交区域

Step 05　在选区状态下，选择图层面板中的 ![button] 按钮，效果如图 4-43 所示。

图 4-43　蒙版嵌套

Step 06　双击"033"图层空白的部分，弹出"图层样式"面板，选择"描边"中文字的部分，参数如图 4-44 所示，最终效果如图 4-45 所示。

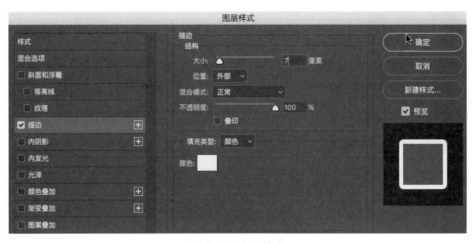

图 4-44　描边参数

图 4-45　最终效果

4.7　矢量蒙版

虽然平时用到矢量蒙版的情况不多，但是大家也要知道偶尔用上一回也可以做出不同凡响的设计出来。

Step 01　执行"文件 > 新建"，创建 1000px×1000px 的画布，执行"文件 > 置入"，将文件名"京剧"置入画布中，效果如图 4-46 所示。

图 4-46　图片置入

☐ Step 02 │ 选择 ⭐ 工具，方法如图4-47所示。找到随书光盘中的第4章预设文件，如图4-48所示，新增的"中国龙"形状图案如图4-49所示。

图4-47 载入形状

图4-48 预设文件

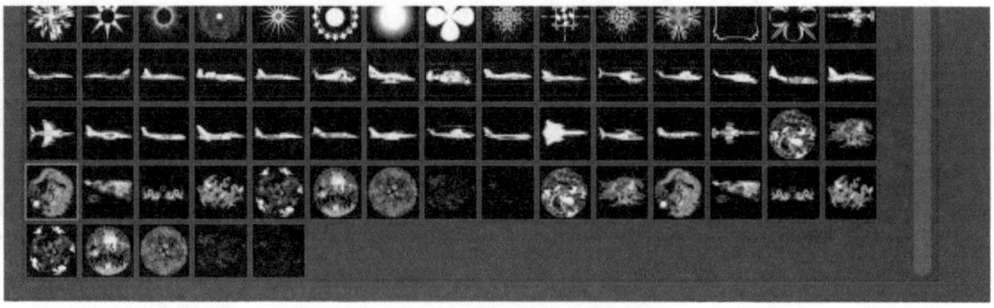

图4-49 "中国龙"形状图案

☐ Step 03 │ 在 ⭐ 工具属性栏中选择"路径"，在画布中按住 Shift 键等比例绘制，效果如图4-50所示。

图4-50 "中国龙"路径效果

Step 04 执行"图层 > 矢量蒙版 > 当前路径",最终效果如图 4-51 所示。

图 4-51 最终效果

4.8 快速蒙版

很多同学应该都遇到过图 4-52 所示的画面"变红"的现象,这是什么原因呢?很大的可能性就是你不小心按了 Q 键,进入到了快速蒙版模式。解决方法也很简单,就是再多按一次 Q 键退出快速蒙版模式。

图 4-52 快速蒙版状态

Step 01 执行"文件 > 打开",打开随书光盘中第四章的"西塘"文件,创建一个新图层,执行"编辑 > 填充",填充白色。

Step 02 按住 Q 键,进入快速蒙版模式,选择工具栏中的 工具,在画布中涂抹,再按一次 Q 键,退出快速蒙版模式,得到图 4-53 所示选区。

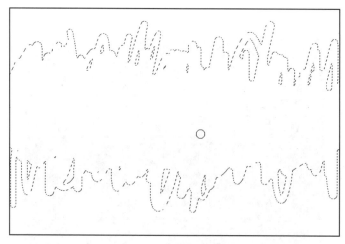

图 4-53　快速蒙版创建的选区

▢ **Step 03**　按 `Delete` 键，删除多余的内容，按快捷键" `Ctrl` + `D` "取消当前选区，最终效果如图 4-54 所示。

图 4-54　最终效果

4.9　颜色通道

　　在本节开始的时候，我们就跟大家讲过，颜色通道是用来存储色彩信息的。RGB 色彩模式下，通道之间的混合关系同三原色原理一致，如图 4-55 所示。

　　每个单独的通道都是亮度值为 0 ~ 255 的黑白灰信息。所以图 4-56 所示的红通道并不是大家想象的红色，而是亮度多少的反应，越亮说明该通道对应区域的颜色越多。

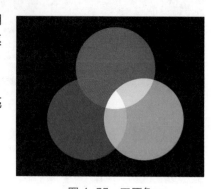

图 4-55　三原色

图 4-56　红通道

　　两个或两个以上的颜色通道可以互相"混合"，"红＋绿＝黄"，如图 4-57 所示；"红＋蓝＝洋红"，如图 4-58 所示；"蓝＋绿＝青"，如图 4-59 所示。

图 4-57　红通道与绿通道混合

图 4-58　红通道与蓝通道混合

图 4-59　绿通道与蓝通道混合

4.10　专色通道

图 4-60 所示的烫银色效果，看起来很有格调，但我们通过普通的 CMYK 油墨是没有办法印刷的，只有单独再建立一个专有的通道，单独配置专用油墨。

接下来，我们就将通过一个名片的设计告诉大家怎么做专色印刷。

图 4-60　烫银色效果

注意点：

专色通道支持的常用格式是 TIFF 和 PSD。如果存储成 JPG 去印刷厂印刷的话，肯定是没有办法做专色的！

Step 01　执行"文件＞新建"，画布尺寸如图 4-61 所示。

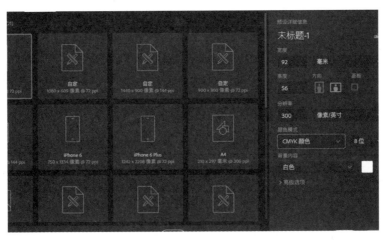

图 4-61 名片尺寸

Step 02 选择  工具,输入"logo",创建图 4-62 所示的文字选区。

图 4-62 文字选区

Step 03 执行"窗口>通道",在通道面板的右上角找到 按钮,选择"新建专色通道",效果如图 4-63 所示。

图 4-63 专色通道

注意点:

很多同学不明白为什么"新建专色通道"之后"logo"字样会变成红色。因为专色效果在显示器上根本没有办法显示，所以只能用某种颜色来代替。如图 4-64 所示，"油墨特性"选项可以任意设置想要的专色效果，"密度"选项则是用来设置专色油墨的用量。

图 4-64　专色通道选项

☐ Step 04 执行"文件＞储存为"，切记选择"PSD"或者"TIFF"格式，效果如图 4-65 所示。

图 4-65　最终效果

 小贴士　最终印刷出来的是蓝色？

最终印刷出来的效果当然不仅仅是蓝色！最终蓝色"logo"的部分可以做"烫金""烫银"等各种各样的烫色效果。

4.11　Alpha 通道

Alpha 通道是用来存储选区的。如图 4-66 所示，如果我们要把人物从图像中分离出来，就需要有强烈的黑白对比信息，而不能有灰色。如果 Alpha 通道中有灰色，那么最终得到的图层信息是半透明的。

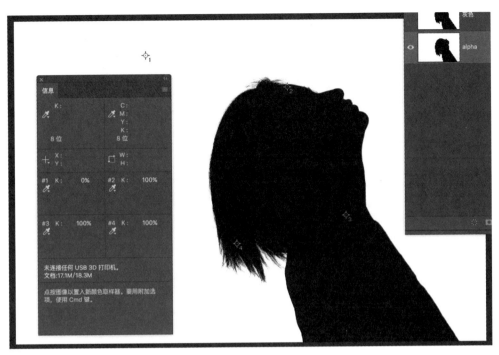

图 4-66　最终效果

![Step 01] 执行"文件 > 打开",打开随书光盘中第 4 章的"窗台"和"内衣模特"文件,执行"窗口 > 通道",找到如图 4-67 所示面板。

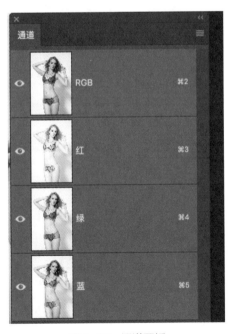

图 4-67　通道面板

![Step 02] 分别选择"红""绿""蓝"三个通道进行比较,如图 4-68 所示。选择亮度对比关系最明显的"蓝通道"进行复制。

图 4-68　红绿蓝通道

Step 03 　将得到的"蓝副本"命名为"Alpha"，利用 ![图标] 工具，在画布背景以及人物合适的位置添加颜色取样点，效果如图 4-69 所示。

图 4-69　颜色取样器

Step 04 执行"图像＞调整＞色阶"，参数以及效果如图 4-70 所示。背景中的"#2"号
取样点调整后 K 值为 0，主体人物的"#3"号取样点调整后为 100%。（K 表示黑色）

图 4-70 色阶调整

Step 05 利用 ✎ 工具，将 Alpha 通道进行涂抹，先单独处理头发的部分，效果如图 4-71
所示。

图 4-71 头发部分黑白关系

Step 06 执行"选择＞载入选区"，在弹出的选项中勾选"反相"，将"Alpha"通道切换
到"RGB"通道，效果如图 4-72 所示。

图 4-72 发丝选区

Step 07 执行组合键" Ctrl + J ",关闭背景层 ◉ 按钮,效果如图 4-73 所示。

图 4-73　人物头发

Step 08 利用 🖌 工具,抠取人物轮廓部分,效果如图 4-74 所示。

图 4-74　人物轮廓

Step 09 按住键盘上的 Shift 键,选择"发丝"与"背景拷贝"层,右击选择"合并图层",效果如图 4-75 所示。

图 4-75　合并图层

Step 10 将"发丝"图层复制到目标文档"窗台"中，最终效果如图 4-76 所示。

图 4-76　最终效果

本章总结

　　一定要理解"通道与蒙版"，作为 Photoshop 最核心的知识点，"通道"主要用来存储颜色或选区信息；"蒙版"主要用来起到遮罩的作用。

Chapter

05

调色是一道鸿沟？

我们都知道，作品的色调会很大程度地体现出行业的特点，比如，Intel官网的设计色调是偏青蓝调的，能体现出科技的特点。很多房产广告是咖啡色的，那么就有复古、高贵的感觉。这一章，我们一起加油学习调色！

▶ 学习重点：
　　1.曲线、色阶、色相／饱和度
　　2.通道混合器、可选颜色、色彩平衡、应用图像
　　3.黑白、渐变映射、HDR、颜色查找、照片滤镜

5.1 调色很难？

5.1.1 调色该怎么学

作为刚刚接触 Photoshop 调色的读者来说，不知道调色该从何处开始学习，这是一个很正常的现象。调色是一门艺术，而不是依赖教程里面的参数，本书会把大部分的调色命令的原理跟大家做一个详细的讲解。但是切记调色是一个漫长的学习过程，不是学习了案例中的几个色调效果就能成功的，调色需要多观察不同风格类型照片的色调风格，大家要知道一个好的色调是一张照片的灵魂。图 5-1 所示是一张照片调色前后的对比效果，调色后本身一张很普通的照片一下子变得很有商业广告片的味道了，这就是我们要学习调色的目的，一幅好的作品离不开好的色调。

图 5-1　商业调色

5.1.2 色彩理论知识

那么在正式进入调色课程的学习之前，我想大家有必要将我们在前几个章节中所学习的三原色原理以及通道原理进行复习，这些知识都是调色的理论基础。

在学习调色的过程中希望大家能留意生活中好的调色作品，调色没有捷径，在多留意好的作品的同时我们要不断地尝试去调一些作品，不要害怕犯错，总有一天你会变成调色高手的。

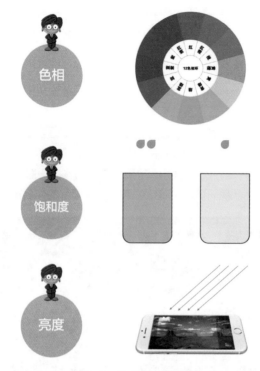

图 5-2　颜色三大属性

色相：简单来说就是红、橙、黄、绿、青、蓝、紫……(当然还可以细分，黑白灰除外)

饱和度：色彩的浓度。

亮度：光线的强弱。

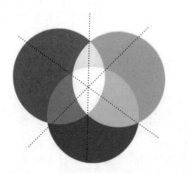

互补色：图中虚线经过的一对颜
色就是互补色。下面是调色常用
的一些互补色。

红色－－青色

绿色－－品红

蓝色－－黄色

图 5-3　三原色与补色

5.2　色相／饱和度

5.2.1　多彩的小木屋

在学习调色的时候，初学者经常犯的错误就是喜欢用选区来选定调色的范围。那么，这也造成
了最终的效果"违和感"太明显，这节我们会跟大家讲一讲怎么样用更好方法来实现没有瑕疵的调
色效果。

Step 01 执行"文件 > 打开"，打开随书光盘中第 5 章的"彩色房屋"文件，在图层面板下方找到 ◕ 按钮，选择"色相／饱和度"。

注意点：

如图 5-4 所示，同样一个调色命令，调整层里的调色命令可以随时修改调色参数，并且支持图层蒙版进行局部控制，而菜单栏调色命令则不可以，所以推荐大家使用调整层。

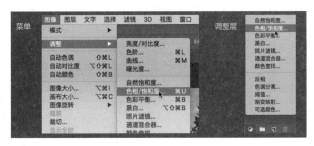

图 5-4　调整层与菜单里的调色命令的区别

Step 02 选择要修改的"红色"色相，参数如图 5-5 所示，对比效果如图 5-6 所示。不难发现，图像中只有跟红色相关的色彩发生了变化。

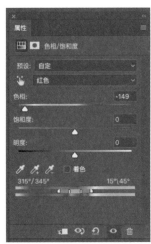

图 5-5　"红"色相参数　　　　图 5-6　前后对比

Step 03 选择 ✎ 工具，利用黑色笔刷在图层蒙版中进行调整，效果如图 5-7 所示。

图 5-7　局部调整

Step 04 | 选择"蓝色"选项，参数以及效果如图 5-8 所示。

图 5-8　蓝色参数

注意点：

　　如图 5-9 所示，黄色标记的部分，其实是利用不同的色相作为选区，对被选择的色相进行调整，但同时又对其他色相产生影响，这相对于用选区来调色的做法要好得多。

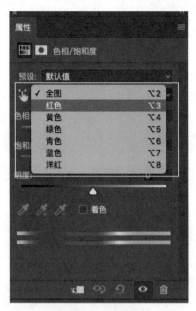

图 5-9　色相原理

5.2.2　梦幻森林

　　大家都见过电影《阿凡达》中漂亮的画面，这节我们就将在前面一节的基础上，同样利用"色相／饱和度"来做出图 5-10 所示的梦幻效果。

图 5-10　案例效果

■ **Step 01** ｜　执行"文件＞打开",打开随书光盘中第 5 章的"森林"文件,在图层面板下方找到 ◉ 按钮,选择"色相／饱和度","黄色"参数以及效果如图 5-11 所示。

图 5-11　黄色参数

■ **Step 02** ｜　修改"红色"参数,效果如图 5-12 所示。

图 5-12　红色参数

注意点:

很多同学往往会忽略掉一个重要又实用的"着色"选项,如图 5-13 所示。

图 5-13 着色选项

5.3 曲线

5.3.1 曲线原理

曲线是调色的时候使用频率最高的命令之一,它可以进行亮度的调整,也可以对图像的色调进行校正。图 5-14 所示是"曲线"默认的状态,其中横向的参数表示输入值,纵向表示输出值,默认情况下输入值等于输出值。

图 5-15 所示称为"上曲线",相比于默认状态,该曲线的输出值肯定比默认的输出值大,所以这是一个变亮的曲线。反之,"下曲线"则会变暗。

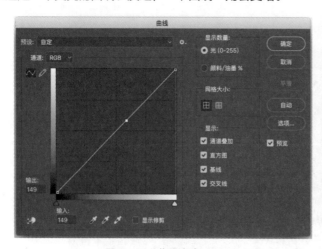

图 5-14 曲线命令

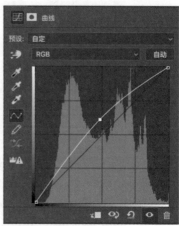

图 5-15 上曲线

图 5-16 "上曲线"变亮

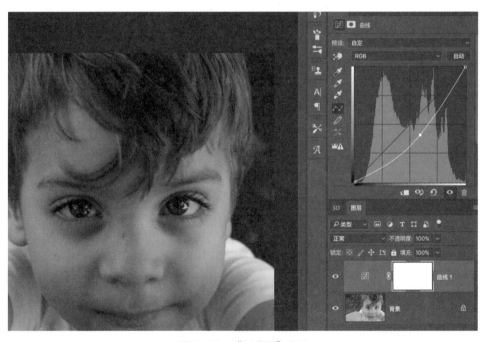

图 5-17 "下曲线"变暗

　　如图 5-18 所示，将默认的"RGB"通道切换成"红"，"红"选项呈现"下曲线"状态，所以图像中的青色就会多，因为红色的补色就是青色。依此类推，如图 5-19 所示，绿色少了，洋红就会多；蓝色少了，黄色就会多。（补色原理图详见 5.1.2 节）

图 5-18　红与青是互补色

图 5-19　绿与洋红是互补色

5.3.2　白富美"炼成记"

随着电子商务的兴起，各大电商平台为了吸引更多买家的眼球，都会请专业的模特拍摄自己经营的产品。那么，这节我们就会用到其中一种最常用的调色技法，让照片看上去更加漂亮，更有吸引力。

Step 01　执行"文件＞打开"，打开随书光盘中第 5 章的"丝巾"文件，利用工具栏中的 🖌 工具，先将人物的脸部瑕疵修饰掉，效果如图 5-20 所示。

Step 02　选择 🪄 工具，属性栏设置容差值为"24"，创建如图 5-21 所示选区。

Step 03　在图层面板下方找到 🔘 按钮，选择"曲线"，"RGB"选项参数以及效果如图 5-22 所示。

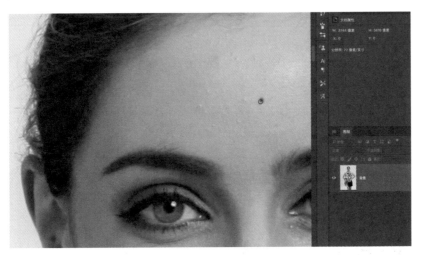

图 5-20　污点修复画笔修复瑕疵

图 5-21　魔棒工具创建选区

图 5-22　曲线调整层"RGB"参数

Step 04 选择图 5-22 中"曲线 1"图层蒙版，按住 Alt 键进入图层蒙版，效果如图 5-23 所示。不难发现图层蒙版中的黑白过渡关系不够柔和。

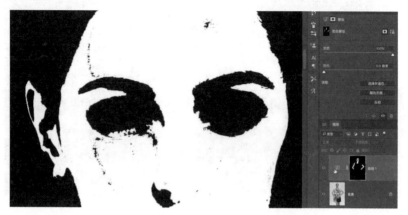

图 5-23　图层蒙版

Step 05 执行"滤镜 > 模糊 > 高斯模糊"，参数以及效果如图 5-24 所示。

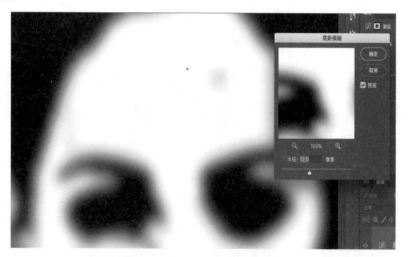

图 5-24　高斯模糊柔化过渡

Step 06 设置"红"通道的参数如图 5-25 所示，设置"蓝"通道的参数如图 5-26 所示，最终效果如图 5-27 所示。

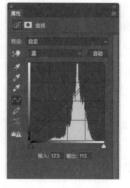

图 5-25　红通道参数　　图 5-26　蓝通道参数

图 5-27　最终效果

5.3.3　怎样"治理"雾霾？

我们经常遇到图 5-28 所示的图片，整个片子"雾蒙蒙"的感觉。那我们有没有什么好的办法"治理"一下这么严重的雾霾呢？

图 5-28　灰色图片

Step 01　执行"文件＞打开"，打开随书光盘中第 5 章的"木材"文件。执行"窗口＞直方图"，直方图明确告诉我们图片没有"阴影"与"高光"，效果如图 5-29 所示。

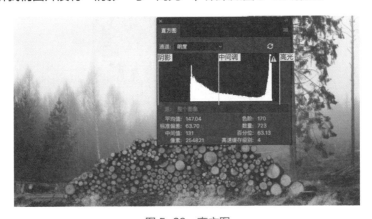

图 5-29　直方图

Step 02 在图层面板下方找到 ▣ 按钮，选择"曲线"，"RGB"选项下，将黄色框标注的两端节点做调整，效果如图 5-30 所示，调整后的直方图"阴影"与"高光"部分对比明显。

图 5-30 曲线调对比

"S"形曲线怎么看？

图 5-31 所示的"S"形曲线，是调整明暗对比度关系的曲线。

怎么看这个曲线呢？首先这个图要分开看。

大家可以先看"阴影"到"中间调"的部分呈现的是"下曲线"，所以暗部变得更暗了。

再看"中间调"到"高光"的部分，呈现的是"上曲线"，所以亮部变得更亮了。

因此，这种曲线是用来加强明暗对比度的。

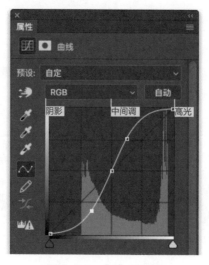

图 5-31 "S"形曲线

5.4　色阶

5.4.1　色阶原理

　　如图 5-32 所示，色阶在调色的时候是一种"输入值"单向映射"输出值"的模型，主要针对亮度属性"阴影""中间调""高光"进行调整。

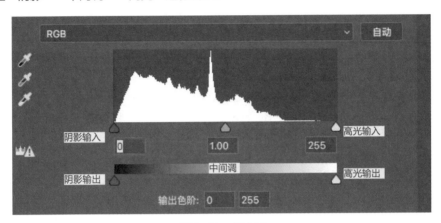

图 5-32　色阶图

　　执行"文件＞打开"，打开随书光盘中第 5 章的"旧房屋"文件。在图层面板下方找到 ⬛ 按钮，选择"色阶"，"RGB"选项下设置参数如图 5-33 所示。

图 5-33　色阶参数

注意点：

如图 5-34 所示，阴影部分输入值 13，输出值为 0，这就表示输入亮度范围在 0~13 之间的值，输出都为 0，所以会变暗，并且暗部受影响较大。

高光部分输入值为 194，输出值为 255，这就表示输入亮度范围在 194~255 之间的值，输出都为 255，所以会变亮，并且亮部受影响较大。因此，最终图像对比加强了。

如图 5-35 所示，阴影部分输入值 0，输出值为 134；高光部分输入值 255，输出值为 138，所以这

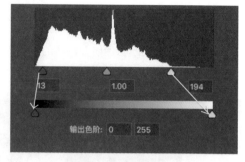

图 5-34　映射原理

张图像只剩下 134、135、136、137、138 这 5 个灰度值。如果两个输出值都是同一数值，那么这个图像就是完完全全的黑、白、灰。

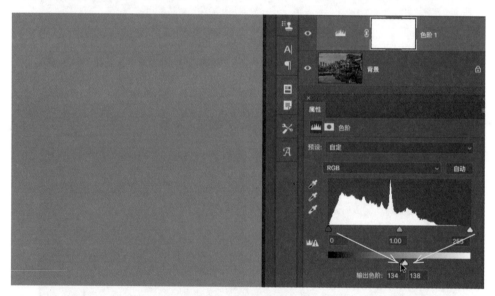

图 5-35　色阶原理

如图 5-36 所示，黄色的中间调滑块往右调整，使得中间调值小于 1，也使得阴影区域变大，所以这是一个降低中间调亮度的调整方式。

如果黄色的中间调滑块往左调整，则增加中间调的亮度。

黑色线左侧为原先阴影区域

黄色线左侧为调整后阴影区域

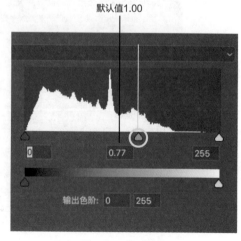

图 5-36　色阶原理

5.4.2 如何营造图片空间感

图片的空间感指当画面内有前景、中景和远景时，就会呈现出很强的深度感。在摄影中，利用前景把观者的视线引入画面并移向整个画面的中心是表达距离、空间和深度的有效方法，如图 5-37 所示。

图 5-37 利用色阶增强空间感

Step 01 执行"文件＞打开"，打开随书光盘中第 5 章的"海岸"文件。执行"窗口＞直方图"，如图 5-38 所示。不难发现，亮度值低于 11 的部分以及高于 216 的部分的信息是缺失的，大量的亮度信息集中在中间调的部分。

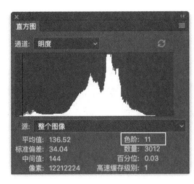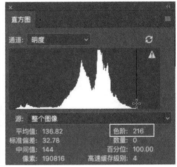

图 5-38 原图的直方图

Step 02 在图层面板下方找到 按钮，选择"色阶"，"RGB"选项下设置参数如图 5-39 所示。

图 5-39 修正高光阴影

Step 03 当然判断一张好的照片不能仅仅看参数，所以这时候我们要加大对比关系。参数以及效果如图 5-40 所示。不难发现，图片中的岛礁部分完全是一片黑色。

图 5-40　加强对比关系

Step 04 选择工具栏 🖌 工具，在图层蒙版中岛礁对应的位置进行涂抹，如图 5-41 所示。

图 5-41　调整图层蒙版

Step 05 在图层面板下方找到 🔘 按钮，选择"渐变映射"，设置图 5-42 所示的由黑到白的渐变映射方式，最终效果如图 5-43 所示。

图 5-42　渐变映射　　　　　　　　图 5-43　最终效果

5.5　可选颜色

如图 5-44 所示，该命令可以对图像中限定颜色区域中的各像素中的 Cyan(青)、Magenta(洋红)、Yellow(黄)、Black(黑) 四色油墨进行调整，从而不影响其他颜色（非限定颜色区域）的表现。

我们经常会拿色相／饱和度与它做比较，相对而言，可选颜色更注重小细节局部颜色的控制，而色相／饱和度更偏向于整体的调整。

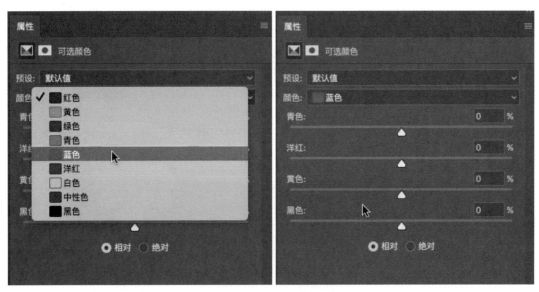

图 5-44　可选颜色选项

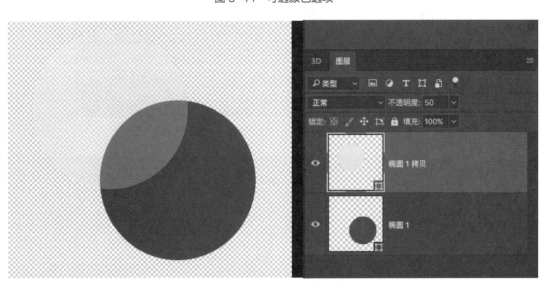

图 5-45　互补色会产生灰色

□ Step 01 执行"文件 > 打开"，打开随书光盘中第 5 章的"蓝天白云"文件。利用工具栏中的 ![工具] 工具，在图像中蓝天的部分随机分布加点，并将默认的"RGB"颜色修改为"CMYK"颜色，如图 5-46 所示。

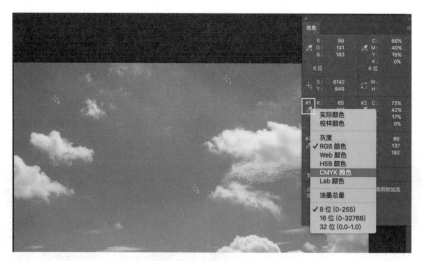

图 5-46　切换颜色模式

■ Step 02　在图层面板下方找到 ◙ 按钮，选择"可选颜色"，分别将"青色"以及"蓝色"中"黄色"去掉，参数如图 5-47 所示，对比效果如图 5-48 所示。

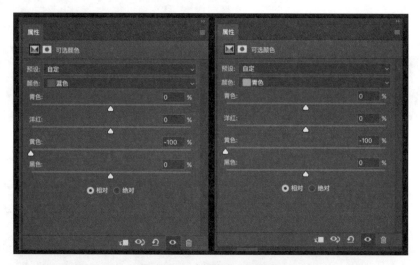

图 5-47　去掉青蓝中的黄色

图 5-48　蓝天前后对比

注意点：

如图 5-49 所示，注意调整后的 Y 值都变成了 0，那就说明图像中蓝天的部分没有了黄色的干扰，蓝天自然更加通透。

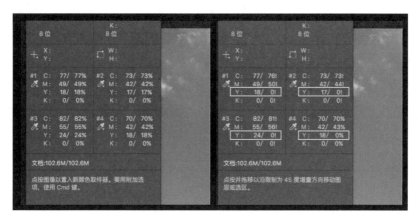

图 5-49 注意 Y 值变化

5.6 色彩平衡

如图 5-50 所示，"色调"选项其实就是以"阴影""中间调""高光"这些图像中不同的亮度部分作为选区，然后再通过下方的选项改变图像的色调。

█ Step 01 █ 执行"文件 > 打开"，打开随书光盘中第 5 章的"自行车"文件。在图层面板下方找到 █ 按钮，选择"色彩平衡"，效果如图 5-51 所示。

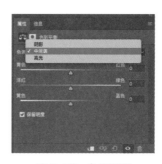

图 5-50 色彩平衡

图 5-51 添加色彩平衡

设置色彩平衡的参数，如图 5-52 所示，最终效果如图 5-53 所示。

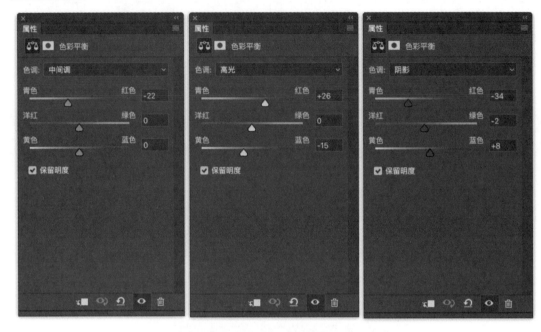

图 5-52　色彩平衡参数

图 5-53　最终效果

5.7　通道混合器

通道混合器命令的原理是以图像中任一通道或任意通道组合作为输入，通过加减调整，重新匹配通道并输出至原始图像，但这句话比较难理解。接下来，我们通过一个简单的小案例给大家详细讲解。

执行"文件 > 打开"，打开随书光盘中第 5 章的"客厅"文件。在图层面板下方找到 ◐ 按钮，选择"通道混合器"，参数如图 5-55 所示，最终效果对比如图 5-56 所示。不难发现，图片整体色调变成了欧式风格的黄色调。

|图 5-54　默认参数|图 5-55　调整参数|

图 5-56　效果对比

再来看一下图 5-55 所示参数，通道混合器中"红色"为 –28%，简单地可以理解为蓝色通道要以红色通道为样本减去 28% 的亮度，蓝色减少，必然互补色黄色会多起来。（但这个不会影响到红通道的亮度）

有人就会问，为什么选择"红色"减去28%呢？因为原图整体呈现偏红的现象，所以原图中"红通道"的亮度信息一定是最好的。一般情况下，我们要改变输出通道，总是会选择原图中通道信息最好的去做加减调整。

将图5-57与图5-58对比，可以发现蓝通道调整后变暗，但并没有出现死黑的现象，这就是我们要选择最亮的通道做调整的原因。

图5-57　图像原本蓝通道亮度

图5-58　调整后蓝通道亮度

5.8 应用图像：看看电影的色调怎么调

这节我们将用应用图像命令调出电影色调效果。

在学习之前，我们首先要知道电影色调的特点。常用的电影胶片色调，总是高光区呈现暖色，阴影区域呈现冷色。那么，利用应用图像就可以轻轻松松制作出来。

Step 01 执行"文件 > 打开"，打开随书光盘中第 5 章的"电影场景"文件。执行"窗口 > 通道"，选择"蓝通道"，如图 5-59 所示。

图 5-59　蓝通道选项

注意点：

如图 5-60 所示的错误示范，这样"看似"选择的是蓝通道，实则选择了"RGB"混合通道。一定要选择图中黄色边框对应的区域，这样才能保证通道选择的正确。

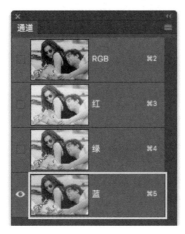

图 5-60　错误示例

■ Step 02 ┃ 执行"图像 > 应用图像",参数如图 5-61 所示。

图 5-61　蓝通道参数

■ Step 03 ┃ 选择"绿通道",执行"图像 > 应用图像",参数如图 5-62 所示。

图 5-62　绿通道参数

■ Step 04 ┃ 选择"红通道",执行"图像 > 应用图像",参数如图 5-63 所示,最终效果如图
5-64 所示。

图 5-63　红通道参数

图 5-64　最终效果

5.9　"黑白"调色

"黑白"调色命令看上去很简单，实际上还是有些难度的。图 5-65 所示的选项，很多同学可能还不是很了解。

首先，我们来解释"红、黄、绿、青、蓝、洋红"这些选项。当添加了"黑白"调色命令之后，图像就会变成黑白色调。尽管如此，依旧可以通过"红、黄、绿、青、蓝、洋红"这些选项来改变黑白图像的亮度关系。

假设原图像是一张"红花绿叶"的风景照片，那么这时候就可以分别通过"红色"与"绿色"来调整黑白之后的"红色"与"绿色"亮度关系。

另外，"色调"选项也是一个不可忽视的功能，它可以做出很赞的单色图片效果。

执行"文件 > 打开"，打开随书光盘中第 5 章的"破旧小木屋前"文件，如图 5-66 所示。在图层面板下方找到 ◐ 按钮，选择"黑白"，参数如图 5-67 所示，最终效果如图 5-68 所示。相比于原先的图片，调整之后的照片更有浓浓的年代感。

图 5-65　黑白选项

图 5-66　原图

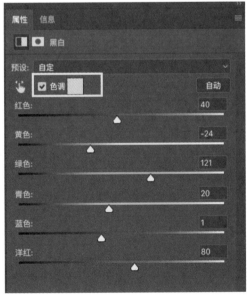

图 5-67　黑白参数

图 5-68　最终效果

5.10　渐变映射

如图 5-69 所示，"渐变映射"可以将不同的渐变色，以亮度为参照标准，映射到被调整图像相对应的亮度中。

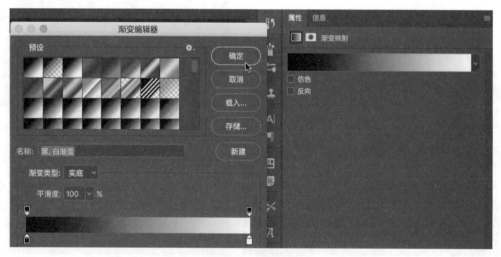

图 5-69　渐变映射

执行"文件 > 打开"，打开随书光盘中第 5 章的"欧式的街角"文件，在图层面板下方找到 按钮，选择"渐变映射"，大家可以多做尝试，如图 5-70 ~ 图 5-72 所示。

图 5-70　金色效果

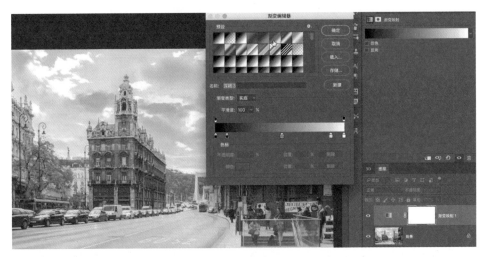

图 5-71　低饱和色

图 5-72　黑白

5.11　阴影与高光

　　"阴影与高光"命令很多同学经常弄错，首先要弄明白，"阴影与高光"主要是针对曝光不足与曝光过度的现象才用到的调色命令，可以将暗部或者高光丢失的颜色信息追回来。
它起到的作用我们可以简单地理解为：补充阴影的亮度，抑制高光的亮度。

　　执行"文件 > 打开"，打开随书光盘中第 5 章的"人像半身照"文件，执行"图像 > 调整 >
阴影与高光"，参数如图 5-73 所示，对比效果如图 5-74 所示。

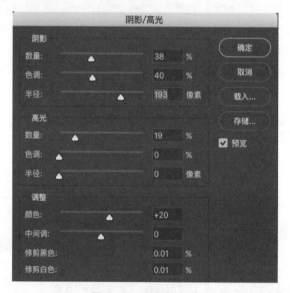

图 5-73　阴影与高光

图 5-74　前后对比

5.12　HDR 色调：油画风格的照片

　　高动态光照渲染（High-Dynamic Range，HDR）图像，相比普通的图像，可以提供更多的动态范围和图像细节，根据不同的曝光时间的 LDR（Low-Dynamic Range）图像，利用每个曝光时间相对应最佳细节的 LDR 图像来合成最终 HDR 图像，能够更好地反映出真实环境中的视觉效果。

　　执行"文件 > 打开"，打开随书光盘中第 5 章的"曲折的山岭"文件，执行"图像 > 调整 >HDR 色调"，参数如图 5-75 所示，对比效果如图 5-76 所示。

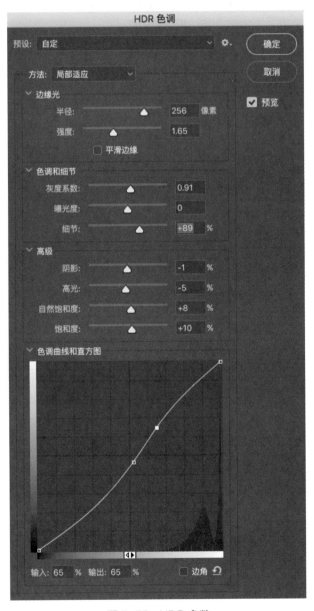

图 5-75　HDR 参数

图 5-76　对比效果

5.13　颜色查找：电影工作室是怎么工作的

　　如图 5-77 所示，"颜色查找"可以实现很多高级色彩变化。很多好莱坞经常用到的调色方案预设文件，在这里直接选择某个颜色方案就可以直接应用效果。如图 5-78 所示，这几种电影的色调相信大家都见过，就是用"颜色查找"直接实现的。

　　执行"文件 > 打开"，打开随书光盘中第 5 章的"剧照"文件。在图层面板下方找到 ⬤ 按钮，选择"颜色查找"，大家可以多做尝试，对比效果如图 5-78 所示。

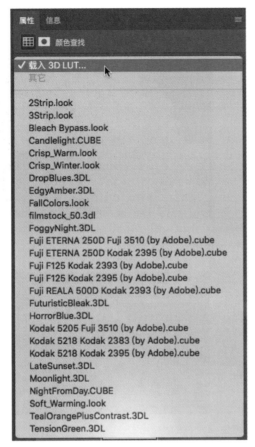

图 5-77 颜色查找

图 5-78 色彩对比效果

5.14 反相

反相：即将某个颜色换成它的补色，一幅图像上有很多颜色，每个颜色都转成各自的补色，相当于将这幅图像的色相旋转了 180°，原来黑的此时变白，原来绿的此时洋红，如图 5-79 所示。

执行"文件 > 打开"，打开随书光盘中第 5 章的"蒲公英"与"粉色花朵特写"文件。在图层面板下方找到 按钮，选择"反相"，对比效果分别如图 5-80 和图 5-81 所示。

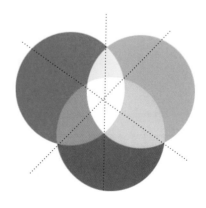

图 5-79 反相原理

图 5-80　梦境般的蒲公英

图 5-81　不一样的花

5.15　照片滤镜

如图 5-82 所示，照片滤镜起到的作用跟单反相机上滤光片是一样的。可以简单方便地控制照片的色温，可以选择默认的"滤镜"选项，也可以选择"颜色"选项进行自定义调整。

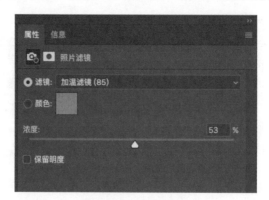

图 5-82　照片滤镜

执行"文件＞打开"，打开随书光盘中第 5 章的"幸福时光"文件。在图层面板下方找到 ![按钮] 按钮，选择"照片滤镜"，对比效果如图 5-83 所示。

图 5-83　效果对比

本章总结

　　调色的时候建议大家先定大色调，然后再去调整细节，这样的调色步骤或许更容易掌握一些，那么本章关于调色的技巧就讲到这里。

　　在这个章节里面重点讲解了：曲线、色相／饱和度、色阶、阴影／高光、选取颜色、色彩平衡、通道混合器、HDR 色调、应用图像等调色命令，希望能够起到"抛砖引玉"的作用。

　　不管做什么都是从学习开始的，想成为调色高手，首先要看很多优秀的调色作品。其实我们时时刻刻在跟色彩"打交道"，无论是大街小巷上随处可见各色广告，还是旅途中秀丽的田园美景，抑或是古镇里锈迹斑斑的铜像，一切都是那么美妙，需要用心去欣赏。所以学好调色并不难，需要时间的累积，当脑海里有了很多"彩色"画面的时候，在调色的时候才能手到擒来！

玩转各路小技能

如果告诉你有一种方法可以1分钟处理几百张图片，你想不想学？本章将跟大家分享各种Photoshop小技巧：画中画效果、PDF演示文档、Photomerge合并、时间轴等。

▶ 学习重点：
1.动作与批处理、时间轴、智能对象、图像大小
2.参考线、阵列复制、盖印可见图层、路径
3.PDF演示文档、Photomerge合并、羽化

6.1　智能对象

如图 6-1 所示，智能对象将保留图像的源内容及其所有原始特性，从而能够对图层执行非破坏性编辑。可以对图层进行缩放、旋转、斜切、扭曲、透视变换或使图层变形，而不会丢失原始图像数据或降低品质，因为变换不会影响原始数据。

图 6-1　智能对象的优势

注意点：

　　具体大家可以选择对应图层，然后右击"转化为智能对象"，这样就可以在不破坏原图的情况下自由地调整图像了。

6.2　图像大小

6.2.1　迅速改变图片尺寸

　　如果大家做出来的设计要放在显示器上使用的话，如图 6-2 所示，建议大家在分辨率选项将数值设置为"72"。锁定宽高比选项，勾选重新采样选项，再设置宽高的像素值即可。

　　执行"文件>打开"，打开随书光盘中第 6 章的"肖像"文件。执行"图像>图像大小"，勾选重新采样，参数如图 6-3 所示。

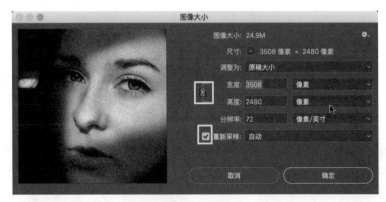

图 6-2　原图

图 6-3　调整大小

6.2.2　根据需要设置分辨率

首先我们要简单地了解一下印刷分辨率，在近距离观看的情况下，需要设置高分辨率；在远距离观看的情况下，可以降低分辨率的数值。

另外，印刷品的单位多为毫米、厘米这些单位，所以请注意将宽度、高度后面的单位做相应调整。

如图 6-4 所示，总像素是 3508px×2480px，那么在 300 分辨率的情况下可以打印 29.7cm×21cm 的画幅。如图 6-5 所示，分辨率设置为 30 后，总像素依旧是 3508px×2480px，这时候就可以打印出 297cm×210cm 的画幅。

所以，这并没有修改图像的原始尺寸，仅仅是为了印刷做了分辨率的适配调整。

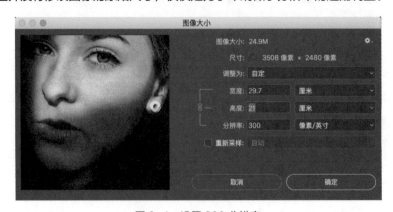

图 6-4　设置 300 分辨率

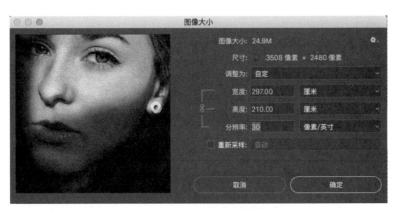

图 6-5　设置 30 分辨率

6.3　动作与批处理

　　图 6-6 所示是拍摄的一组照片，这样的组图，我们如果要去加水印、调整大小、调色的话，一张一张去处理会特别繁琐，那么这时候有没有一种方法可以解决这种重复性的操作呢？这节要跟大家分享的就是这种超级节省时间的方法——动作与批处理。

　　在这里要提醒一下大家，做这个案例的时候，是先创建动作，在动作进行的过程中打开图片。

图 6-6　组图

Step 01　执行"窗口 > 动作"，打开动作面板，步骤如图 6-7 所示。

图 6-7　动作面板

Step 02 执行"文件 > 打开",打开随书光盘中第 6 章的"动作"文件夹下的任意 1 张图片。

Step 03 执行"图像 > 图像大小",参数如图 6-8 所示。

图 6-8　图像大小

注意点：

执行完"图像大小"命令之后，会发现图片突然变得很小。其实，这是显示比例的问题，直接双击 🔍 工具或者使用快捷键 Ctrl + 1 即可。

Step 04 执行"图像 > 调整 > 曲线"，可以根据自己实际需要进行调整，案例中的曲线示意图如图 6-9 所示。

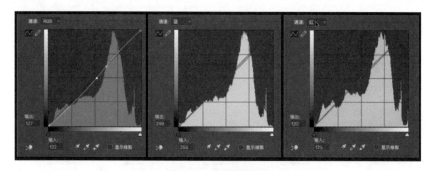

图 6-9　曲线示意图

Step 05 执行"文件 > 存储为"，存储位置任意选择一个，选择"JPEG"格式，JPEG 选项参数如图 6-10 所示。

Step 06 执行"文件 > 关闭"，确认操作步骤与图 6-11 所示一致，选择 ■ 按钮。

图 6-10　JPEG 选项

图 6-11　动作步骤

注意点：

深入理解动作

为了更好地理解动作，我们在这里举个例子说明一下，其实动作就像在机器模型里面写入了程序一样，可以让机器执行相应的命令，但是这个还不够，我们要去批量地执行"命令"又该怎么办呢？这时候就需要借助"批处理"命令了。

Step 07 执行"文件 > 自动 > 批处理"，选项设置参考图 6-12。

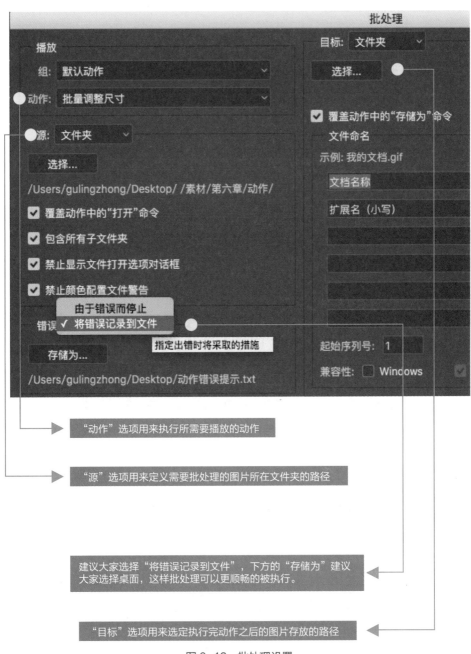

图 6-12 批处理设置

6.4 时间轴

6.4.1 双 12 停不下来

在很多人的印象中，Photoshop 就是一款平面软件，但是如果现在你知道这款软件里面其实还有动画功能，你一定觉得很酷！

也许我们熟悉的动画形式是网络上常用的 GIF 动画，其实还可以用新版本的 Photoshop 来做视频剪辑，真的非常的不可思议！

▇ **Step 01** ▏ 执行"文件>打开"，打开随书光盘中第 6 章的"双 12"文件。执行"窗口>时间轴"，选择并确认"创建帧动画"，如图 6-13 所示。

图 6-13 创建帧动画

"0 秒"位置是用来设置播放图片的时间的

"一次"位置是用来设置循环播放图片的次数的

▇ **Step 02** ▏ 单击图 6-13 所标记的黄色按钮选项，将循环次数改为"永远"，设置效果如图 6-14 所示。

图 6-14 动画设置

▇ **Step 03** ▏ 选择名称为"12"的图层，右击"复制图层"，得到一个副本。双击"12 拷贝"图层，设置"颜色叠加"效果，参数如图 6-15 所示。

图 6-15 颜色叠加

Step 04　选择时间轴第 1 格画面，显示名称为"12"的图层，关闭名称为"12 拷贝"的图层，效果如图 6-16 所示。

图 6-16　第 1 格画面

Step 05　选择时间轴第 2 格画面，显示名称为"12 拷贝"的图层，关闭名称为"12"的图层，效果如图 6-17 所示。

图 6-17　第 2 格画面

Step 06　执行组合键" Ctrl + Shift + Alt + S "，将文件存储为"Web 所用格式"，相关设置注意图 6-18 中红色标注的部分。

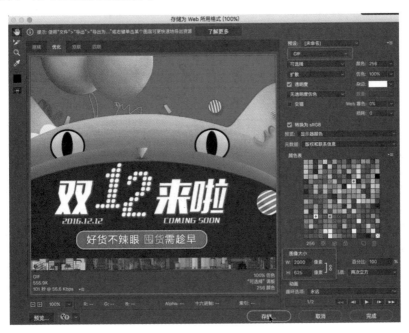

图 6-18　Web 所用格式

6.4.2 做个简单的 MV

与 GIF 动画相比，视频动画内容更丰富。在 Photoshop 里面可以轻松地实现加音乐、做剪辑、调整画面节奏、转场这些功能，这时候你就可以把你的创意作品上传到互联网上与大家一起分享了！

Step 01 找到随书光盘中第 6 章的"微电影"文件，将文件拖入到 Photoshop 画布窗口中，选项如图 6-19 所示。

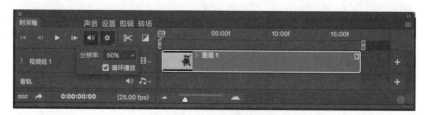

图 6-19 视频时间轴

Step 02 将时间线拖入到合适位置，利用 ✂ 剪辑画面，如图 6-20 所示。

图 6-20 剪辑功能

Step 03 利用 ▣ 可以设置转场，可以设置转场过渡的类型，以及转场持续的时间，如图 6-21 所示。

图 6-21 设置转场

Step 04 在图层面板下方找到 按钮，选择"颜色查找"，甚至可以对视频进行色调的调整，大家可以多做尝试，对比效果如图 6-22 所示。

图 6-22 颜色调整

Step 05 执行"文件＞导出＞渲染视频"，将制作好的视频渲染输出。

6.5 参考线

图 6-23 所示是腾讯网首页的效果，为什么页面的两边会有这么多的留白呢？

目前市面上，主流的电脑分辨率大概有 1024px×768px、1280px×800px、1440px×900px、1650px×1050px、1920px×1080px 这 5 种。虽然宽页面视觉美感更棒，但低分辨率的电脑屏幕访问宽页面的时候会出现水平滚动条，这样非常不利于我们浏览网站。

所以，在"美感"与"实用"的权衡下，我们选择"实用"。

出于兼容性考虑，网页设计宽度一般在 1000px 左右

图 6-23　屏幕分辨率

▇ **Step 01** ▏执行"文件 > 新建"，创建 1920px×450px 的画布。执行"视图 > 标尺"，在刻度线位置右击，将单位修改成"像素"，如图 6-24 所示。

图 6-24　单位切换

▇ **Step 02** ▏如图 6-25 所示，主页实际内容区域为 1205 像素，执行"视图 > 新建参考线"，参数分别如图 6-26 和图 6-27 所示。

图 6-25　内容区域 1205px

注意点：

如图 6-28 所示，大家还可以尝试用百分比的方法设置参考线，这样省了不少计算的时间。

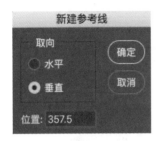

图 6-26　坐标 1 参数

图 6-27　坐标 2 参数

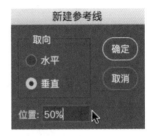

图 6-28　设置百分比

6.6　阵列复制：画中画效果

图 6-29 所示是一个我们常见的画中画的效果，那么这种效果怎样快速地实现呢？

图 6-29　画中画效果

■ Step 01 执行"文件 > 打开"，打开随书光盘中第 6 章的"全家福"文件。利用 ![工具] 工具，创建图 6-30 所示的选区。

图 6-30　勾选轮廓

Step 02 按组合键"`Ctrl` + `J`"复制图层，按组合键"`Ctrl` + `T`"自由变换，适当缩放图像大小，效果如图 6-31 所示。

图 6-31　半成品

Step 03 按组合键"`Ctrl` + `Shift` + `Alt` + `T`"，多重复几次组合键，效果如图 6-32 所示。

图 6-32　最终效果

注意点：

如图 6-33 所示，大家也可以尝试利用阵列复制的方法实现。

图 6-33　花瓣效果

6.7　盖印可见图层

执行"文件 > 打开"，打开随书光盘中第 6 章的"英雄联盟"文件。按组合键" Ctrl + Shift + Alt + E "，盖印得到的图层如图 6-34 所示。

注意点：

盖印图层与合并可见图层的区别是：合并可见图层是把所有可见图层合并到了一起变成新的效果图层，原图层就不存在了；而盖印图层的效果与合并可见图层后的效果是一样的，但原来进行操作的图层还存在。也就是说合并可见图层是把几个图层变成一个图层，而盖印图层是在几个图层的基础上新建一个图层且不影响原来的图层。

图 6-34　盖印得到的新图层

6.8　PDF 演示文稿

PDF 主要由三项技术组成：

· 衍生自 PostScript，用以生成和输出图形；

· 字型嵌入系统，可使字型随文件一起传输；

· 结构化的存储系统，用以绑定这些元素和任何相关内容到单个文件，带有适当的数据压缩系统。

PDF 文件使用了工业标准的压缩算法，通常比 PostScript 文件小，易于传输与储存。它还是页独立的，一个 PDF 文件包含一个或多个"页"，可以单独处理各页，特别适合多处理器系统的工作。此外，一个 PDF 文件还包含文件中所使用的 PDF 格式版本，以及文件中一些重要结构的定位信息。正是由于 PDF 文件的种种优点，它逐渐成为出版业中的新宠。

执行"文件 > 打开"，分别打开随书光盘中第 6 章的"PDF"文件夹下的 4 个文件。再执行"文件 > 自动 >PDF 演示文稿"，先勾选"添加打开的文件"，然后选择"存储"，如图 6-35 所示。

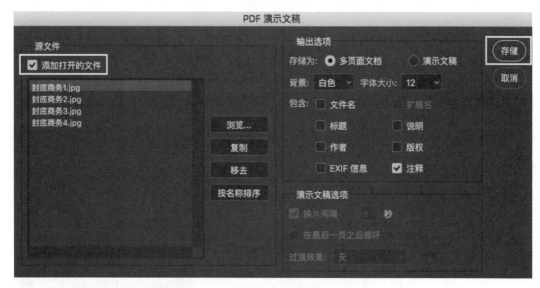

图 6-35　PDF 设置

注意点：

还可以直接选择"浏览"选项，直接添加要"打包"的文件，一样可以得到"合多为一"的 PDF 文件。

6.9　羽化

6.9.1　羽化的作用

通过建立选区和选区周围像素之间的转换边界来模糊边缘。该模糊边缘将丢失选区边缘的一些细节。那么，这样的好处就在于能够让选区的过渡效果更加自然，如图 6-36 和图 6-37 所示。

图 6-36　羽化前　　　　　　　　图 6-37　羽化后

注意点：

　　可以在使用工具时为选框工具、套索工具、多边形套索工具或磁性套索工具定义羽化，如图 6-38 所示。也可以向现有的选区中添加羽化，如图 6-39 所示。所以一定要记住，要想有羽化效果先看看有没有创建选区。

图 6-38　与选区相关工具都有"羽化"选项

6.9.2　羽化与调色

　　很多情况下，当我们创建了一个选区，需要对选区的部分进行调色。一般我们都会先去羽化一下选区，再进行调色的工作。接下来，我们就通过一个简单的案例来演示给大家。

图 6-39　调用"羽化"选项先创建选区

Step 01　执行"文件 > 打开"，打开随书光盘中第 6 章的"超模"文件。利用工具栏中的 ▨ 工具，创建图 6-40 所示的选区。

图 6-40　魔棒选区

Step 02　执行"选择 > 修改 > 羽化"，羽化值 45 左右，羽化后效果如图 6-41 所示。那么，羽化值的大小怎么确定呢？

图 6-41　羽化效果

注意点：

一般情况下，我们建议羽化值取单边尺寸的 1/50 左右。我们可以执行"图像 > 图像大小"命令，查看画布的尺寸。

2336px × 1/50 ≈ 46px；3504px × 1/50 ≈ 70px

所以，羽化值的范围为 46px~70px 或者相差不大的数值都可以。

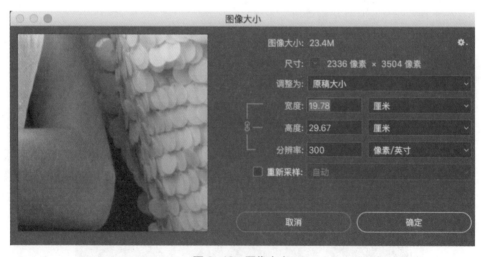

图 6-42　图像大小

Step 03　如在图层面板下方找到 ◑ 按钮，选择"曲线"，效果如图 6-43 所示。很明显，图像变得更加透亮唯美。

图 6-43　最终效果

6.10　路径

如图 6-44 所示，路径可以实现与选区的互换，也可以添加"填充色"与"描边色"。另外，还需要注意的是 Photoshop 的路径支持 JPG 格式的存储，也可以导出到 Illustrator 中继续进行矢量图形的绘制。（方法：执行"文件 > 导出 > 路径到 Illustrator"）

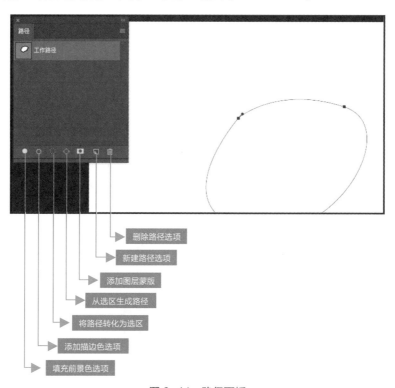

图 6-44　路径面板

6.11　Photomerge：全景照片

图 6-45 所示全景照片非常有气势。但其实这样的照片是一个一个小局部的图像拼接起来的，如图 6-46 所示。

图 6-45　全景照片

1.jpg　　　　2.jpg　　　　3.jpg　　　　4.jpg

图 6-46　原图片

Step 01 执行"文件 > 自动 >Photomerge"，如图 6-47 所示。

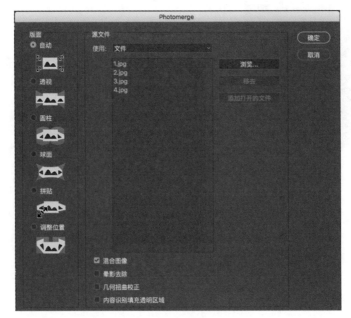

图 6-47　Photomerge

Step 02 选择"浏览"选项，找到随书光盘中第6章"Photomerge"文件夹下的"1""2""3""4"，选择"确定"，效果如图6-48所示。

Step 03 利用 工具，将边缘多余的部分裁剪掉，最终效果如图6-45所示。

图6-48 边缘瑕疵

本章总结

本章跟大家分享了很多Photoshop实用的小技能。"时间轴"让你的工作更有趣；"动作批处理"让你的工作更有效率；"智能对象"让你的设计更无损；"Photomerge"让摄影作品更震撼……

07

图层样式

本章将向大家介绍许多不一样的操作技巧，比如在酒瓶的周围做一个云朵缭绕的效果、图层穿透的效果，以及图层混合的效果，当然还有更多样式的新鲜玩法。

▶ 学习重点：
  1.滤色、正片叠底、柔光、颜色
  2.高级混合
  3.混合颜色带
  4.样式

7.1　图层样式面板

如图 7-1 所示，在本节的案例里面，我们要将图层样式面板里的知识点分为 4 块去讲解：常规混合、高级混合、混合颜色带、样式。

常规混合里面的一些命令可以将一些原本需要抠像才能解决的问题又快又好地解决了；高级混合则类似于一种穿透效果；混合颜色带则是为了解决"烟"状物体（云、火焰、烟等）的抠取；样式里面的投影、内阴影等效果一般是用来做特效字或者图标的。

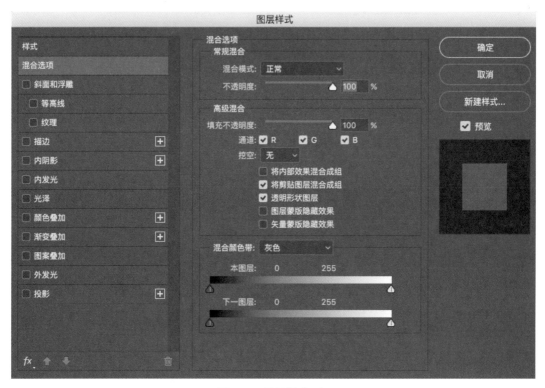

图 7-1　图层样式面板

7.2　常规混合模式

7.2.1　常规混合模式分类

常规混合模式其实是图层与图层之间叠加的一种算法。这种算法的类型比较多，每一种混合的原理用文字来解释又显得深奥难懂，因此本书把一些比较重要的类型做了简单的说明，如图 7-2 所示。

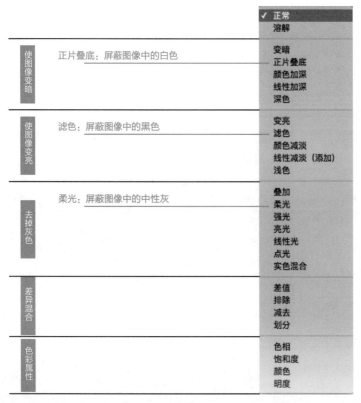

图 7-2 常规混合模式

7.2.2 正片叠底

正片叠底：即查看每个通道中的颜色信息，并将基色与混合色复合。结果色总是较暗的颜色。任何颜色与黑色复合产生黑色。任何颜色与白色复合保持不变。

以上的官方解释比较难懂，接下来我们看一个案例的效果。

■ Step 01 ■ 执行"文件>打开"，打开随书光盘中第 7 章的"手"与"涂鸦墙"文件，分别如图 7-3、图 7-4 所示。

图 7-3 手　　　　　　　　　　　　　图 7-4 涂鸦墙

□ Step 02 ■ 右击复制图层，将"手"复制到"涂鸦墙"中，组合键" Ctrl + T "，适当调整"手"的大小与位置，效果如图 7-5 所示。

图 7-5　自由变换

Step 03 将图 7-6 所示"背景拷贝"层混合模式由"正常"改为"正片叠底",最终效果如图 7-7 所示。

图 7-6　更改混合模式

图 7-7　最终效果

7.2.3 滤色

查看每个通道的颜色信息，并将混合色的互补色与基色复合。结果色总是较亮的颜色。用黑色过滤时颜色保持不变。用白色过滤将产生白色。不难发现滤色与正片叠底是一个相反的过程。

Step 01 执行"文件 > 打开"，打开随书光盘中第 7 章的"黑板"与"教授"文件，分别如图 7-8、图 7-9 所示。

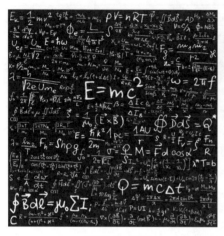

图 7-8　黑板

图 7-9　教授

Step 02 右击复制图层，将"黑板"复制到"教授"中，按组合键"`Ctrl` + `T`"，适当调整"黑板"的大小与位置，并且将图层混合模式改为"滤色"，效果如图 7-10 所示。

图 7-10　半成品

Step 03 选择"背景拷贝"图层，添加图层蒙版，在图层蒙版中利用 工具，使用黑色笔刷沿着人物部分涂抹，最终效果如图 7-11 所示。

图 7-11　最终效果

7.2.4　柔光

使颜色变暗或变亮，具体取决于混合色。此效果与发散的聚光灯照在图像上相似。如果混合色（光源）比 50% 灰色亮，则图像变亮，就像被减淡了一样。如果混合色（光源）比 50% 灰色暗，则图像变暗，就像被加深了一样。

其实如果一个灰色的亮度值正好是（128，128，128），那么该组灰色所对应的部分正好能被"隐藏"掉。

Step 01　执行"文件＞打开"，打开随书光盘中第 7 章的"灰背景"与"墙皮"文件，分别如图 7-12、图 7-13 所示。

图 7-12　灰背景　　　　　　　　　　　　　　图 7-13　墙皮

Step 02　右击复制图层，将"灰背景"复制到"墙皮"中，按快捷键" Ctrl ＋ T "，适当调整"灰背景"的大小与位置，并且将图层混合模式改为"柔光"，效果如图 7-14 所示。

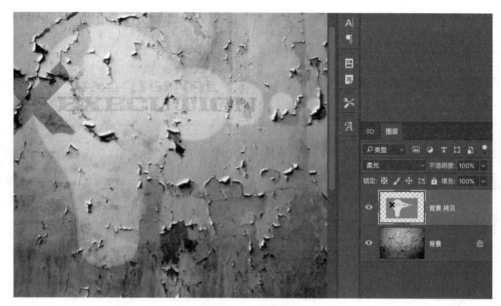

图 7-14　柔光效果

■ **Step 03** 选择"背景拷贝"图层，复制一次，这样就弥补了"灰背景"图层中图案纹理不清晰的问题，最终效果如图 7-15 所示。

图 7-15　最终效果

注意点：

　　案例中灰色背景亮度值正好是中性灰（128，128，128），如果不是中性灰，该如何处理呢？如图 7-16 所示，可以先将图层编组，然后再用图层蒙版结合画笔工具来解决。

图 7-16　图层蒙版

7.2.5　颜色

用基色的明亮度以及混合色的色相和饱和度创建结果色。这样可以保留图像中的灰阶，并且对于给单色图像上色和给彩色图像着色都会非常有用。

Step 01　执行"文件 > 打开"，打开随书光盘中第 7 章的"红唇"文件，原图效果如图 7-17 所示。

图 7-17　素材原图

Step 02　按组合键" Ctrl + Shift + N "，创建名称为"绚丽唇彩"的新图层。效果如图 7-18 所示。这时候唇彩效果看上去很假，怎么解决呢？

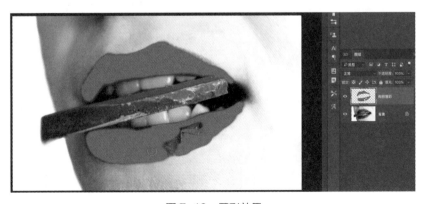

图 7-18　唇彩效果

Step 03 将"绚丽唇彩"图层混合模式改为"柔光"，最终效果如图 7-19 所示。

图 7-19　最终效果

7.3　高级混合模式：玩转穿越效果

图 7-20 所示为高级混合选项卡。这是一个 Photoshop 比较少用的功能，绝大部分用来制作图层的"穿透"效果。

"填充不透明度"选项用来控制当前层的显示的不透明度 。

"挖空"选项用来控制穿透的级别，"深"表示穿透到背景层。（注：不要改变"背景"层最原始的状态，切记不可习惯性将"背景"层以双击的方式转化成"图层 0"）

图 7-20　高级混合模式

Step 01 执行"文件 > 打开"，打开随书光盘中第 7 章的"奥多比"文件。在图层面板下方找到 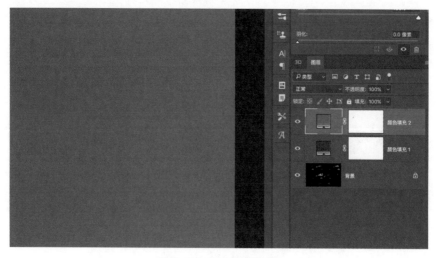 ，新建多个填充图层，效果如图 7-21 所示。

图 7-21　填充图层效果

Step 02 按组合键 " Ctrl + Shift + N ",创建名称为"透视层"的新图层。利用工具栏 ⭕ 工具绘制椭圆,并且填充任意颜色,效果如图 7-22 所示。

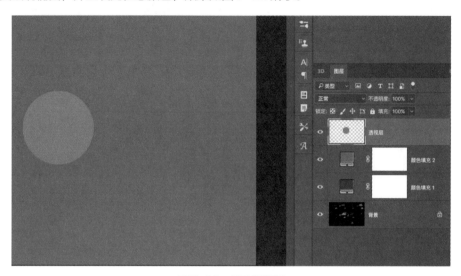

图 7-22 创建透视层

Step 03 双击"透视层"空白处。弹出图层样式面板,"高级混合选项"设置如图 7-23 所示。这样就可以通过移动"透视层"来查看内容了。

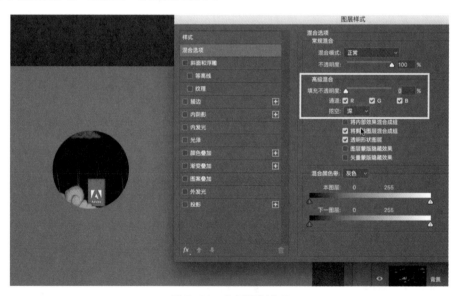

图 7-23 高级混合选项

7.4 混合颜色带:异质同构的艺术

如图 7-24 所示,当我们看到蓝天白云和酒瓶时,一般不会将两者联系在一起,但如果看到最后的成品图之后你一定不会这么说,这也是设计最具魅力的地方,可以发挥天马行空般的想象力。

图 7-24 异质同构创意案例

　　当有了这样的创意之后，肯定需要利用一些技巧方法去实现创意！这时候我们会想，如果有一种方法能够将云层从蓝天里面"拿"出来就好了，但发现利用传统的抠像方法很难解决这个问题。但同时我们也发现了一些特点，像"蓝天"与"白云"两者之间的亮度差还是比较大的，那么利用这个特点结合混合颜色带的知识就可以轻易地将白云从蓝天中"拿"出来了。

　　■ Step 01 　 执行"文件 > 打开"，分别打开随书光盘中第 7 章的"瓶子"与"云"文件。利用 工具，创建图 7-25 所示的选区。继续选择属性栏里的 选择并遮住 ，效果如图 7-26 所示。

　　■ Step 02 　 按组合键" Ctrl + Shift + N "，创建名称为"渐变背景"的新图层，并将图层的位置下移一层，利用 工具，创建图 7-27 所示的效果。

图 7-25　选区轮廓　　　　　　　图 7-26　抠好的酒瓶　　　　　　　图 7-27　渐变背景

Step 03 右击复制图层，将"云"复制到"瓶子"中，按组合键" Ctrl + T "，适当调整"云"的大小与位置，并且将图层"云"置入顶层，效果如图 7-28 所示。

图 7-28 半成品

Step 04 双击"云"图层空白处。弹出图层样式面板，"混合颜色带选项"设置以及效果如图 7-29 所示。

图 7-29 参数与效果

注意点：

按住 Alt 键并拖动滑块的半侧，可以将图 7-30 中黄色标注部分的滑块分开。

图 7-30　分离滑块

7.5　样式

7.5.1　样式的应用

如图 7-31 所示，像这些漂亮的 ICON 都可以用样式叠加得到。如图 7-32 所示，加过图层样式后，图层后方都会多出 fx 图层效果图标，具体方法：双击图层空白处可弹出图 7-33 所示样式选项。

图 7-31　ICON 设计

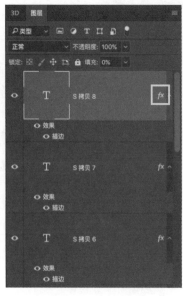

图 7-32　样式效果

图 7-33　样式选项

7.5.2 酷炫"S"

如图 7-34 所示，像这样的一个炫酷"S"，利用样式的效果就可以轻轻松松实现。

图 7-34 酷炫"S"

☐ Step 01 │ 执行"文件＞新建"，创建 1024px×1024px 的画布，输入文字"S"，效果如图 7-35 所示。

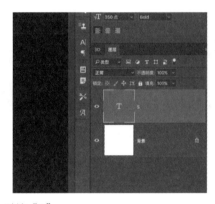

图 7-35 酷炫"S"

☐ Step 02 │ 单击"描边"中文字的部分，填充类型"渐变"，参数设置以及效果如图 7-36 所示。

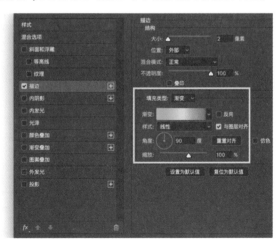

图 7-36 描边参数

Step 03 单击"混合选项",将填充不透明度改为 0,参数设置以及效果如图 7-37 所示。

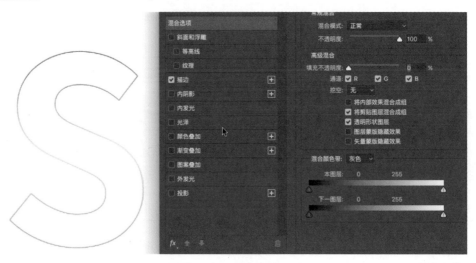

图 7-37　混合选项

Step 04 按组合键" Ctrl + T ",适当调整"S"的中心点与大小,参数设置以及效果如图 7-38 所示。

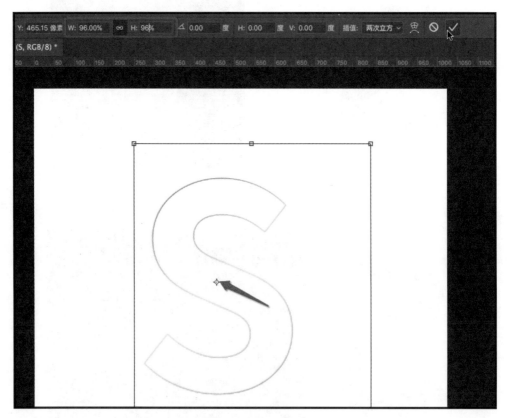

图 7-38　自由变化

Step 05 按组合键" Ctrl + Shift + Alt + T ",重复几次组合键,最终效果如图 7-39 所示。

图 7-39　最终效果

7.5.3　载入样式

如图 7-40 所示，这些漂亮的按钮效果，其实我们完全没有必要自己去制作。可以到网上搜索
"PS 样式"，下载后缀名为".asl"的文件。

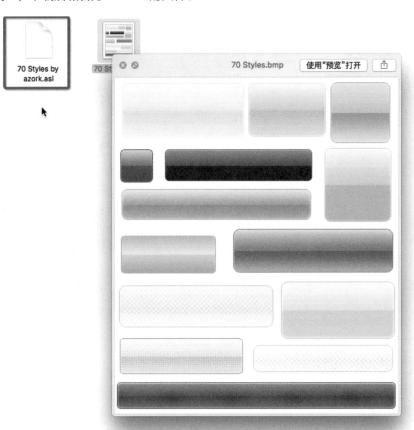

图 7-40　调用样式预设

注意点：

如图 7-41 所示，执行"窗口 > 样式"，打开样式面板。在右上角找到"载入样式"，应用样式预设直接选择图层，单击图层样式面板中的对应选项即可，效果如图 7-42 所示。

图 7-41　载入样式

图 7-42　预设效果

7.5.4　简单 ICON 设计

在做 ICON 设计的时候，我们也会大量地应用到样式的效果。接下来，我们就以 iOS 的 iBooks 作为参考案例来制作。

Step 01　执行"文件 > 新建"，画布选择 iPhone 6 Plus，利用工具创建一个圆角矩形，参数如图 7-44 所示。

图 7-43　iBooks 效果

图 7-44　圆角矩形参数

■ Step 02　双击"圆角矩形"图层,选择"渐变叠加",设置由黄色到橙色的渐变,参数如图 7-45 所示。

图 7-45　渐变叠加效果

■ Step 03　利用 ☉ 工具绘制书页效果,如图 7-46 所示。

■ Step 04　按组合键" Ctrl + J ",复制一个副本,按组合键" Ctrl + T "自由变换,右击水平翻转,效果如图 7-47 所示。

图 7-46　书页效果绘制　　图 7-47　最终效果

本章总结

在"图层样式"这一章中,我们经常用到的知识点是"常规混合"以及"样式"。"常规混合"中的"滤色""正片叠底""柔光",这些常用的混合模式是我们必须熟练运用的。"样式"也需要大家多做尝试,这里面的组合太多,需要大家多做案例去模仿才能有更好的理解。

08

其乐无穷的滤镜

当阅读到这里时，读者就进入了一个特效的世界。
本章将和大家分享滤镜菜单下一些非常棒的特效
命令。

▶ 学习重点：
　　1.液化
　　2.消失点
　　3.置换
　　4.模糊与锐化
　　5.插件的安装

8.1 精彩纷呈：滤镜的作用

如图 8-1 所示，滤镜主要是用来实现图像的各种特殊效果。它在 Photoshop 中具有非常神奇的作用。所以该命令在 Photoshop 中都按分类放置在菜单中，使用时只需要从该菜单中选择并执行该命令即可。滤镜的操作是非常简单的，但是真正用起来却很难恰到好处。滤镜通常需要同通道、图层等联合使用，才能取得最佳艺术效果。如果想在最适当的时候应用滤镜到最适当的位置，除了美术功底之外，还需要用户对滤镜熟悉和有操控能力，甚至需要具有很丰富的想象力。这样才能有地放矢地应用滤镜。

注意点：

如图 8-2 所示，一般在使用滤镜特效时，建议大家习惯性地复制一个图层副本，这样可以更好地保留最原始的图像信息。

图 8-1　滤镜菜单

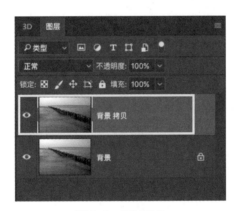

图 8-2　复制副本

8.2 Camera Raw

Raw 文件包含来自数码相机图像传感器且未经处理和压缩的灰度图片数据以及有关如何捕捉图像的信息（元数据）。Photoshop Camera Raw 软件可以解释相机原始数据文件，该软件使用有关相机的信息以及图像元数据来构建和处理彩色图像。

Camera Raw 滤镜使得图片不需要 Raw 格式也能在 Camera Raw 的环境下对白平衡、色调范围、对比度、颜色饱和度以及锐化进行调整。

执行"文件＞打开"，打开随书光盘中第 8 章的"波罗的海"文件。复制一个图层副本，执行"滤镜＞Camera Raw 滤镜"，参数如图 8-3 所示。前后对比效果如图 8-4 所示。

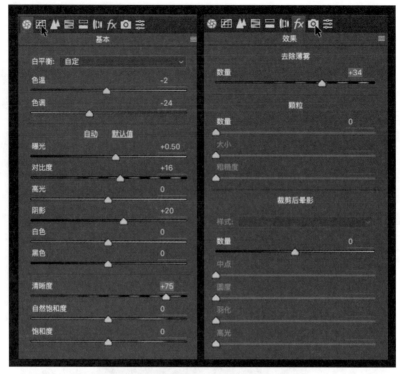

图 8-3　参数建议

图 8-4　对比效果

8.3　液化：再也没人说我胖了

　　如图 8-5 所示，"液化"滤镜可用于推、拉、旋转、反射、折叠和膨胀图像的任意区域。创建的扭曲效果可以是细微的或剧烈的，这就使"液化"命令成为修饰图像和创建艺术效果的强大工具。液化工具常用于婚纱摄影行业，可以起到很好的修饰人像的效果。

图 8-5　液化面板

`Step 01` 执行"文件 > 打开"，打开随书光盘中第 8 章的"胖女孩"文件。复制一个图层副本，执行"滤镜 > 液化"，液化工具详细说明如图 8-6 所示。

向前变形工具	—	— 在拖动时向前推像素
重建工具	—	— 可恢复已添加的扭曲
平滑工具	—	— 平滑地混杂像素
顺时针旋转扭曲工具	—	— 可旋转图像中的像素
褶皱工具	—	— 使像素朝着画笔区域的中心移动
膨胀工具	—	— 使像素朝着离开画笔区域中心的方向移动
左推工具	—	— 垂直向上拖动该工具时，像素向左移动
冻结蒙版工具	—	— 冻结的图像区域不被编辑
解冻蒙版工具	—	— 解除不被编辑状态
脸部工具	—	— 脸部五官修饰
抓手工具	—	— 移动工作窗口
缩放工具	—	— 缩放工作窗口

图 8-6　液化工具详细说明

`Step 02` 利用 [图标] 可以修饰外轮廓的部分，利用 [图标] 可以修饰人脸五官的部分，利用 [图标] 可以小腹赘肉的部分，前后对比如图 8-7 所示。

图 8-7　液化前后对比

8.4 消失点："建筑大师"必备宝典

　　如图 8-8 所示，"消失点"工具可以在编辑包含透视平面（例如，建筑物的侧面或任何矩形对象）的图像时保留正确的透视。

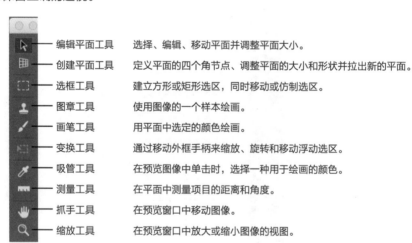

图 8-8　消失点

编辑平面工具	选择、编辑、移动平面并调整平面大小。
创建平面工具	定义平面的四个角节点、调整平面的大小和形状并拉出新的平面。
选框工具	建立方形或矩形选区，同时移动或仿制选区。
图章工具	使用图像的一个样本绘画。
画笔工具	用平面中选定的颜色绘画。
变换工具	通过移动外框手柄来缩放、旋转和移动浮动选区。
吸管工具	在预览图像中单击时，选择一种用于绘画的颜色。
测量工具	在平面中测量项目的距离和角度。
抓手工具	在预览窗口中移动图像。
缩放工具	在预览窗口中放大或缩小图像的视图。

　　Step 01　执行"文件 > 打开"，打开随书光盘中第 8 章的"建筑"文件。复制一个图层副本，执行"滤镜 > 消失点"，利用 ▦ 工具，创建图 8-9 所示的平面。

图 8-9　创建平面工具

Step 02　利用 ▦ 工具，选择大楼主体部分，如图 8-10 所示。利用组合键 " Ctrl + C "
将选区内容复制，再利用组合键 " Ctrl + V " 粘贴并拖动选区内容，效果如图 8-11 所示。

图 8-10　创建选区

图 8-11　复制对象

Step 03　在图层面板下单击 ▣，利用 ✎ 工具在图层蒙版上涂抹，最终效果如图8-12所示。

图 8-12　最终效果

8.5　模糊

8.5.1　模糊的作用与分类

　　"模糊"滤镜可柔化选区或整个图像，这对于修饰非常有用。它们通过平衡图像中已定义的线条和遮蔽区域的清晰边缘旁边的像素，使变化显得柔和。本节将和大家分享 3 种常用的模糊效果：高斯模糊、动感模糊、镜头模糊。

8.5.2　高斯模糊

　　高斯模糊使用可调整的量快速模糊选区。高斯是指当 Photoshop 将加权平均应用于像素时生成的钟形曲线。"高斯模糊"滤镜添加低频细节，并产生一种朦胧效果。

　　执行"文件 > 打开"，打开随书光盘中第 8 章的"花"文件。复制一个图层副本，执行"滤镜 > 模糊 > 高斯模糊"，适当设置参数，对比效果如图 8-13 所示。

图 8-13　高斯模糊对比

8.5.3　动感模糊

　　动感模糊沿指定方向（-360 °　+360 °）以指定强度（1～999）进行模糊。此滤镜的效果类似于以固定的曝光时间给一个移动的对象拍照。

█ **Step 01** ▌　执行"文件>打开"，打开随书光盘中第 8 章的"赛车"文件。复制一个图层副本，执行"滤镜>模糊>动感模糊"，参数与效果如图 8-14 所示。

图 8-14　参数与效果

█ **Step 02** ▌　在图层面板下单击 ▣ ，利用 ✎ 工具在图层蒙版上涂抹，对比效果如图 8-15 所示。

图 8-15　动感模糊对比

8.5.4　镜头模糊

镜头模糊向图像中添加模糊以产生更窄的景深效果，以便使图像中的一些对象在焦点内，而另一些区域则变模糊。

▌Step 01▐　执行"文件＞打开"，打开随书光盘中第 8 章的"睡美人"文件。复制一个图层副本，在图层面板下单击 ⬛，利用 ⬛ 工具，属性栏选择 ⬛⬛⬛⬛⬛ 在图层蒙版上拖曳，图层蒙版效果如图 8-16 所示。

▌Step 02▐　选择图 8-16 中的黄色边框部分，执行"滤镜＞模糊＞镜头模糊"，参数与效果如图 8-17 所示。对比效果如图 8-18 所示。

图 8-16　图层蒙版径向渐变

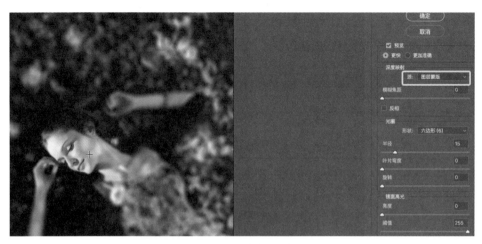

图 8-17　镜头模糊参数选项

图 8-18　前后对比效果

8.6　锐化

8.6.1　锐化的原理

　　锐化可增强图像中的边缘定义。无论图像来自数码相机还是扫描仪，大多数图像都受益于锐化。所需的锐化程度取决于数码相机或扫描仪的品质。请记住，锐化无法校正严重模糊的图像。

　　如图 8-19 所示，Photoshop 内置锐化滤镜的原理是在指定颜色区域内外加黑白两条线段起到对比作用，也正是因为这样，往往内置的锐化滤镜会引入黑白两种杂色造成偏色。

图 8-19　锐化原理

8.6.2　USM 锐化

如图 8-20 所示，USM 锐化会产生黑白杂色的现象，所以一般使用 USM 锐化时要注意两点：锐化值不要设置过高；用于印刷的设计不要用此方法锐化。

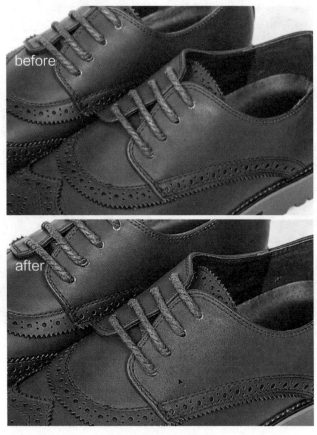

图 8-20　USM 锐化

8.6.3　高反差保留锐化

高反差保留锐化是在有强烈颜色转变发生的地方按指定的半径保留边缘细节，并且不显示图像的其余部分。那么，这样就可以配合"柔光"的混合模式去掉不显示的部分，将强烈对比的部分保留下来以达到锐化的目的。

Step 01 执行"文件 > 打开",打开随书光盘中第 8 章的"鞋子"文件。复制一个图层副本,执行"滤镜 > 其他 > 高反差保留",参数以及效果如图 8-21 所示。

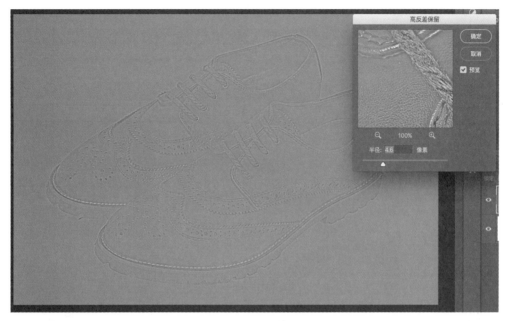

图 8-21　高反差保留

Step 02 将图层混合模式改为"柔光",并且利用组合键" Ctrl + J "复制 2 个副本,效果如图 8-22 所示。此锐化方法颜色保留的细节比较好,适用于与屏幕相关的网页设计领域。

图 8-22　锐化效果

8.6.4 Lab 模式锐化

Lab 颜色模式的明度分量 (L) 范围是 0～100。在 Adobe 拾色器和"颜色"面板中，a 分量（绿色－红色轴）和 b 分量（蓝色－黄色轴）的范围是 +127～–128。那这时候就可以在 L 分量中进行锐化，这样既起到了锐化作用，又不会像 RGB 模式下锐化后会产生多余的黑白颜色。一般情况下，建议杂志封面使用这种方法。

Step 01　执行"文件＞打开"，打开随书光盘中第 8 章的"脸"文件。执行"窗口＞通道"，再次执行"图像＞模式＞Lab 颜色"，效果如图 8-23 所示。

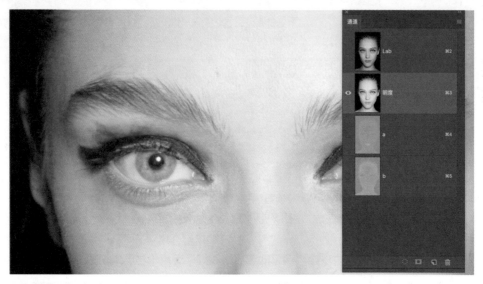

图 8-23　Lab 颜色模式

Step 02　选择"明度"分量，执行"滤镜＞USM 锐化"，参数与效果如图 8-24 所示。

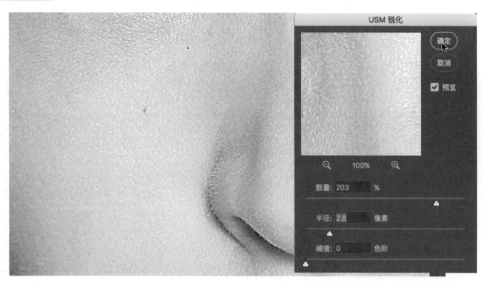

图 8-24　先锐化轮廓

Step 03　继续选择"明度"分量，执行"滤镜＞USM 锐化"，参数以及效果如图 8-25 所示。

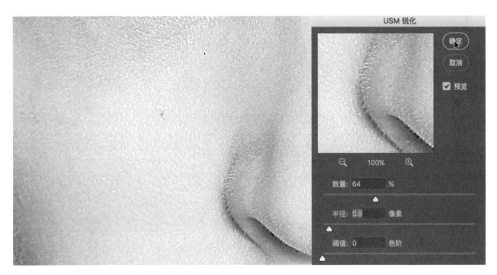

图 8-25　再锐化细节

注意点：

　　第一次锐化的目的是让整体的轮廓细节更加清晰，第二次锐化是让脸部的皮肤这样的小细节更加有质感。

Step 04　执行"图像 > 模式 >CMYK 颜色"，这样就可以印刷或打印了，对比效果如图 8-26 所示。

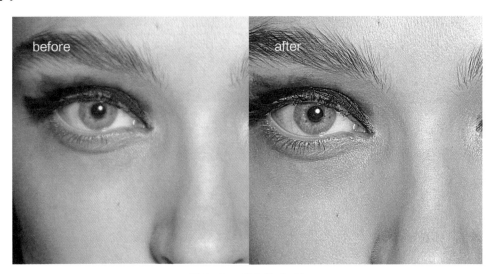

图 8-26　锐化前后对比

8.6.5　应用图像锐化

　　这种锐化的原理是利用一个模糊层和原始图像的亮度进行"减法"计算，最后得到一个灰度的凹凸细节，再配合"线性光"混合模式就可以达到非常好的锐化效果。一般情况下，建议肖像类的摄影作品使用这种方法。

Step 01　执行"文件 > 打开"，打开随书光盘中第 8 章的"肖像"文件。复制一个图层副本，并将图层命名为"表面模糊"，执行"滤镜 > 模糊 > 表面模糊"，参数以及效果如图 8-27 所示。

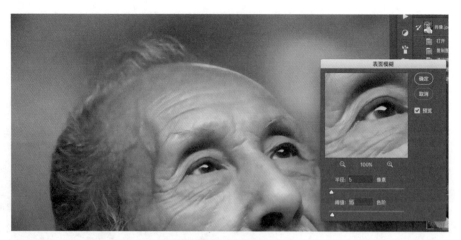

图 8-27　表面模糊效果

Step 02　选择"背景"图层，再次复制一个图层副本，将图层命名为"应用图像"，关闭"表面模糊"图层 ◉ 按钮，效果如图 8-28 所示。

图 8-28　新建图层

Step 03　选择"应用图像"图层，执行"图像＞应用图像"，参数以及效果如图 8-29 所示。

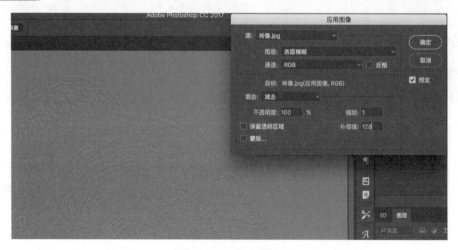

图 8-29　应用图像

■ Step 04 ┃ 选择"应用图像"图层，将图层混合模式改为"线性光"，前后对比效果如图 8-30 所示。

图 8-30　前后对比效果

8.7　逐行扫描

逐行扫描一般用在液晶显示器上，所以当把图 8-31 所示电视画面放到液晶显示器上的时候，就需要将隔行扫描的图像转成图 8-32 所示逐行扫描画面。

图 8-31　隔行扫描

图 8-32　逐行扫描

执行"文件＞打开"，打开随书光盘中第 8 章的"电视画面"文件。复制一个图层副本，执行"滤镜＞视频＞逐行"，效果如图 8-32 所示。

8.8　添加杂色：增加质感的技巧

通常情况下，人像摄影，会希望照片的噪点越少越好，因为这样显得皮肤更光滑。但在时尚奢侈品的广告中往往都会加噪点来凸显照片的质感，如图 8-33 所示。

图 8-33　对比效果

Step 01 执行"文件 > 打开",打开随书光盘中第 8 章的"质感"文件。在图层面板下方找到 按钮,选择"渐变映射",选择黑白渐变类型,效果如图 8-34 所示。

图 8-34 渐变映射

Step 02 在图层面板下方找到 按钮,选择"色阶",利用 工具,将人物的亮度细节擦出来,参数以及效果如图 8-35 所示。

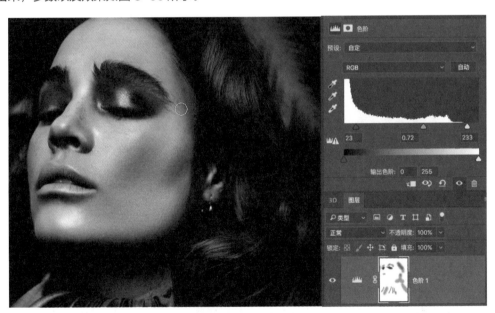

图 8-35 加强对比

Step 03 按住组合键" Ctrl + Shift + Alt + E "盖印可见图层,执行"滤镜 > 杂色 > 添加杂色",参数以及效果如图 8-36 所示。

Step 04 执行"滤镜 > 其他 > 高反差保留",参数以及效果如图 8-37 所示。

Step 05 将图层混合模式改为"柔光",最终效果如图 8-38 所示。

图 8-36　添加杂色

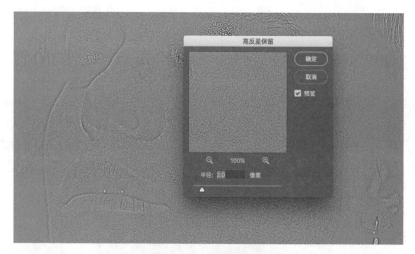

图 8-37　高反差保留

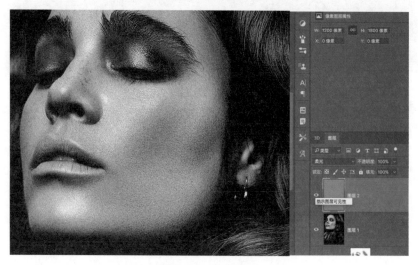

图 8-38　最终效果

8.9　置换

　　置换可以使一幅图像 A 按照图像 B 的纹理进行变形，最终将图 A 自然地适配到图像 B 的纹理上。图像 B 被称为置换图，该图要求为 PSD 格式。最终合成效果如图 8-41 所示。

图 8-39　图像 A

图 8-40　图像 B

图 8-41　最终效果

Step 01 执行"文件 > 打开",打开随书光盘中第 8 章的"海洋"文件。执行"文件 > 置入",将随书光盘中第 8 章的"Adobe 标志"置入到"海洋"文件中,按住 Ctrl 键调整 4 个角点可以调整透视关系,效果如图 8-42 所示。

图 8-42　置入标志

Step 02 选择"Adobe 标志"图层,执行"滤镜 > 扭曲 > 置换",使用默认参数选项即可,置换图选择"海洋 .psd"文件,并将图层混合模式改为"叠加",效果如图 8-43 所示。

图 8-43　置换滤镜

Step 03 在图层面板下方找到 按钮,选择"色相 / 饱和度",右击当前图层,选择"创建剪贴蒙版",参数以及效果如图 8-44 所示。

图 8-44　最终效果

8.10　插件

8.10.1　插件安装

　　众所周知 Photoshop 是最好的图像处理软件之一。因此，有很多第三方厂商愿意为 Photoshop 开发各色各样的功能更好用的插件，如图 8-45 所示。当然就 Photoshop 插件的种类来说，有磨皮的、调色的、做光效的……可能 Photoshop 内置的一些滤镜连插件数量的 1/10 都没有，当然同时我们要清楚地认识，插件不是万能的，不能沉迷其中。

图 8-45　Photoshop 插件

　　打开随书光盘中第 8 章的"滤镜插件"文件夹下的"Portraiture.pkg"文件，安装到图 8-46 所示的画面，选择"Add"找到"Plug-ins"安装目录，如图 8-47 所示。

图 8-46　路径选择

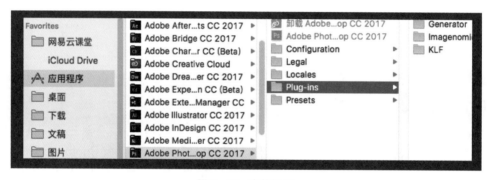

图 8-47　安装目录

注意点：

　　Windows 操作系统可以右击 Photoshop 图标，在弹出的图 8-48 所示的窗口中选择"打开文件位置"，找到"Plug-ins"安装目录。

　　另外 Windows 操作系统安装插件过后，需要重新打开一次 Photoshop 软件才可使用安装的插件。

图 8-48　属性窗口

8.10.2 Knoll Light Factory 灯光插件

　　Knoll Light Factory 是一个非常棒的 Photoshop 光源光效插件，该插件提供了 25 种的光源与光晕效果，并提供及时预览功能，方便我们观看效果，另外此 25 种效果可互相搭配，并且可以将搭配好的效果储存起来，下次可直接读入使用，不需重新调配。

Step 01 执行"文件 > 打开"，打开随书光盘中第 8 章的"超跑 2"文件。利用组合键" Ctrl + Shift + N "，创建一个新图层，取名"50% 灰"，执行"编辑 > 填充"，参数以及效果如图 8-49 所示。

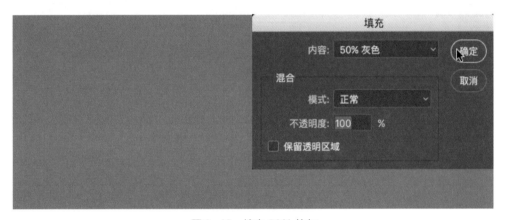

图 8-49　填充 50% 的灰

Step 02 执行"滤镜 >Red Giant Software>Knoll Light Factory"，选择"85mm"光源，参数以及效果如图 8-50 所示。

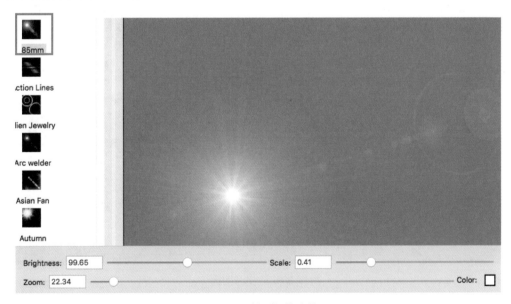

图 8-50　光源类型与参数

Step 03 将当前图层混合模式改为"柔光"，效果如图 8-51 所示。

图 8-51　柔光效果

Step 04 执行"滤镜＞模糊＞高斯模糊"，模糊参数"4"左右，前后对比效果如图8-52所示。

图 8-52　效果对比

8.10.3　Portraiture 磨皮插件

　　Portraiture 滤镜功能也非常强大。磨皮方法比较特别，系统会自动识别需要磨皮的皮肤区域，也可以自己选择。然后用阈值大小控制噪点大小，调节其中的数值可以快速消除噪点。同时这款滤镜还有增强功能，可以对皮肤进行锐化及润色处理。

Step 01 | 执行"文件 > 打开",打开随书光盘中第 8 章的"街拍"文件。复制一个图层副本,利用 🔳 工具修饰脸部斑点,对比效果如图 8-53 所示。

图 8-53 污点修饰

Step 02 | 执行"滤镜 >Imagenomic>Portraiture",参数以及效果如图 8-54 所示。最终对比效果如图 8-55 所示。

图 8-54 参数与效果

图 8-55　对比效果

本章总结

在学习"滤镜"这一章的时候，大家要注意有度。一定要明白，做设计不是特效加得多就好！很多时候，我们认为做减法的设计才是高明的做法。